史志明　孙聪　张黎骅　主编

蔬菜机械化生产装备与技术

SHUCAI JIXIEHUA SHENGHCAN ZHUANGBEI YU JISHU

U0272643

四川科学技术出版社

图书在版编目（CIP）数据

蔬菜机械化生产装备与技术 / 史志明, 孙聪, 张黎
骅主编. -- 成都：四川科学技术出版社, 2020.1
ISBN 978-7-5364-9707-8

Ⅰ.①蔬… Ⅱ.①史… ②孙… ③张… Ⅲ.①蔬菜园
艺 – 机械化生产 Ⅳ.①S63

中国版本图书馆CIP数据核字（2020）第020496号

蔬菜机械化生产装备与技术

主　编　史志明　孙　聪　张黎骅

出 品 人　钱丹凝
责任编辑　何　光
封面设计　张维颖
责任出版　欧晓春
出版发行　**四川科学技术出版社**
　　　　　成都市槐树街2号　邮政编码 610031
　　　　　官方微博：http://e.weibo.com/sckjcbs
　　　　　官方微信公众号：sckjcbs
　　　　　传真：028-87734035
成品尺寸　**170 mm × 240 mm**
印　　张　**17.5 字数 260 千**
印　　刷　四川省南方印务有限公司
版　　次　2020年4月第 1 版
印　　次　2020年4月第 1 次印刷
定　　价　**38.00元**
ISBN 978-7-5364-9707-8
邮购：四川省成都市槐树街2号　邮政编码：610031
电话：028-87734035　电子信箱：sckjcbs@163.com

编 委 会

主　编　史志明　孙　聪　张黎骅

副主编　郑述东　曹　亮　陈　贤

编　委　程　勇　彭　红　刘　梅　杨志高

　　　　　赵旭辉　牟顺海　石浪涛　仲运翔

　　　　　周　锟　张　甜

前　言

我国是世界上最大的蔬菜生产国和消费国，蔬菜产业已逐步发展成为农村经济发展的主要产业甚至支柱产业，其保障供给需求、增加农民收入、促进农村发展的作用日益重要。当前我国蔬菜供求总量基本平衡，但蔬菜生产是一种劳动密集型产业，用工难、费用高的问题越发突显。随着社会经济的不断发展和城镇化进程的加快，农村富余劳动力向二、三产业的转移，劳动力成本不断增大，逐渐成为蔬菜生产规模化发展的主要制约因素，因此，加快推进蔬菜机械化生产是当前蔬菜产业发展的一项紧迫任务。

四川是全国重要的"冬春蔬菜"和"南菜北运"生产基地，蔬菜生产在农业种植业生产中占有十分重要的地位，除满足本省消费外，常年外销蔬菜也有效调剂了全国蔬菜市场供给。近年来，四川紧随国内发展形势，针对部分平原、浅丘地区开展了蔬菜机械化生产技术的试验示范和推广，取得了一些成绩。

蔬菜机械化生产，即在蔬菜生产的各环节作业中用机械代替人力操作的过程。由于蔬菜的种类很多，栽培方式各异，所以不同的蔬菜和不同的栽培方式对机械化作业和蔬菜机械的性能有不同的技术要求。本书从农机与农艺融合的视角出发，一是总结出国外发达国家蔬菜机械化发展的成功经验和国内机械化水平较好地区的生产案例和模式，以及蔬菜机械化生产涉及的各种影响因素；二是分别从蔬菜全程机械化生产涉及的种子处理、土地耕整、机械化育苗、机械化移栽、机械化直播、机械化田间管理、机械化收获等各个环节，结合四川平原及浅丘地理环境和田间生产实际情况，系统梳理了各环节的农艺技术、机械化技术和涉及的作业机具。本书旨在促进蔬菜机械化生产技术试验示范和推广工作又好又快的发展，同时为农技（机）推广与管理人员知识更新、蔬菜规模化种植业主开展蔬菜机械化生产、农机专业合作社提供蔬菜生产农机社会化作业服务等提供指导意见和参考。

四川乃至全国蔬菜机械化生产事业刚刚起步，需要更多的关注和支持，本书是对近年来蔬菜机械化生产技术试验示范的一个小结，希望能够抛砖引玉，激发更多新探索和新思路。

本书由史志明、孙聪和张黎骅担任主编，郑述东、曹亮和陈贤担任副主编，全书最后由史志明统稿、定稿。本书共分为十一章，第一章介绍目前蔬菜机械化生产的现状、模式和影响因素，孙聪编写；第二章介绍蔬菜分类和种植农艺知识，史志明编写；第三章介绍种子机械化处理技术和装备，石浪涛编写；第四章介绍机械化育苗技术和装备，陈贤编写；第五章介绍土地机械化耕整技术和装备，曹亮编写；第六章介绍机械化移栽技术和装备，仲运翔编写；第七章介绍机械化播种技术和装备，郑述东编写；第八章介绍田间管理技术和装备，张黎骅编写；第九章介绍蔬菜收获技术和装备，史志明编写；第十章介绍典型蔬菜的机械化解决方案，史志明编写；第十一章介绍动力机械和作业成本，程勇编写。

在四川蔬菜机械化生产试验示范和推广以及本书编写过程中，参阅了国内外有关文献，也得到了农业农村部南京农业机械化研究所和四川农业大学机电学院的大力支持和帮助。在此，一并表示诚挚的谢意。

限于作者水平，加之时间仓促，书中疏漏和不妥之处在所难免，敬请广大同行、读者提出宝贵意见和建议，以便修订完善。

编者

2019 年 7 月

目　　录

第一章 蔬菜机械化基本情况

第一节 蔬菜机械化生产概况

一、蔬菜机械化生产定义

蔬菜机械化生产，即在蔬菜生产的各环节作业中，用机械代替人力操作的过程。蔬菜的种类很多，栽培方式各异，不同种类的蔬菜和不同的栽培方式对机械化作业和蔬菜机械的性能有不同的要求。

二、蔬菜机械化生产技术体系

技术体系是受自然规律和社会因素制约的一种宏观的、社会性的整体技术结构，是复杂且纵横交错的立体网络结构体系。蔬菜机械化生产技术体系作为农业机械化技术体系的一个领域，也包括战略研究、机器系统、农业生产能源、农业机械化经营管理、农业机械化技术经济五个方面内容。

第一，需要根据不同地区的特点研究拟定蔬菜机械化生产发展战略，在区划和规划的基础上，研究确定蔬菜机械化生产发展的重点、步骤和速度，加强对蔬菜机械化生产的宏观管理。

第二，针对地区特点和蔬菜机械化生产发展进程的要求，在生产工艺过程和农机技术密切结合的前提下，提出该区域在特定阶段需要的蔬菜生产机器系统，为蔬菜机械装备的研发和生产等提供科学依据。

第三，结合资源节约和农业可持续发展，需要针对地区特点，对蔬菜生产中固定、移动和运输作业所需能源的构成、供应、发展与能源节约进行综合分析，研究资源利用与蔬菜机械化生产发展的关系。

第四，需要根据我国各地农村现有的农机经营方式，重点研究农业机械化的组织发展趋势、家庭农场、农机专业户的经营规模和管理方法，以及各级农机服务组织的组织形式等。

第五，针对已配备的农机装备，开展机具使用、技术创新、鉴定与推广和农机维修的研究，建立农业机械化技术推广服务体系。

与农业机械化发展一样，蔬菜机械化生产技术体系是包含生物科学、机械工程、经济管理和社会科学的综合体，因此对蔬菜机械化生产系统中各方面的研究应该围绕综合经济效益这个总目标，广泛开展蔬菜机械化生产技术经济研究，不断改进农机与农艺技术，优化完善蔬菜机械化生产技术体系。

第二节　蔬菜机械化国内外现状

一、国外蔬菜机械化现状

欧美各国自 20 世纪 30 年代以来，着重解决蔬菜栽植和收获的机械化问题。1931 年，苏联研制了甘蓝收获机；1933 年，研制成块根拔取式收获机。1945 年，美国研制成黄瓜收获机和播种丸粒种子的精密蔬菜播种机。20 世纪50 年代以后，一些欧洲国家相继研制成功各种类型的蔬菜收获机械，蔬菜机械化生产水平大大提高。现除需要多次选择性收获以及要求无损伤的鲜售果菜类的收获作业外，其他作业项目都实现了机械化。

（一）美国蔬菜机械化生产现状

美国自然气候条件优越，适宜发展蔬菜产业，50 个州中有 37 个州从事蔬菜生产，生产布局区域化特征明显，中南部地区集中在得克萨斯州西部及新墨西哥州，西南部地区集中在加利福尼亚州，南部地区集中在得克萨斯州东部至佛罗里达州墨西哥海岸，北部地区集中在威斯康星、华盛顿、明尼苏达等州。

由于市场经济发达，美国已率先实现蔬菜产业现代化，解决了蔬菜周年均衡供应问题。美国蔬菜产业发展特点可归纳为：

1. 生产区域化
生产区域化主要体现为适应市场竞争的需要，气候和土壤环境等自然优势的良好条件，发达的交通运输和通讯条件。

2. 布局专业化

蔬菜生产布局因地制宜，四大片区的冬季、早春、夏秋蔬菜生产基地根据各自的气候和土壤条件专门生产几种最适宜的蔬菜供应全国，形成了较为完善的全国性蔬菜生产分工体系。

3. 服务社会化

蔬菜产业服务体系完善，手段先进，基本实行了产前、产中、产后的全程多方位社会化服务，专业化生产以社会化服务为前提，生产工艺划分为若干不同职能的专门作业，分别交由不同农场完成，可靠的合同信用和完善的社会化服务是该模式必备的前提条件。

4. 全程机械化

蔬菜产业从整地、播种、收获以及采后处理都实现了机械化，部分环节已经实现了自动化，智能化机械的应用也日益普遍。

美国蔬菜机械化生产的特点可以概括为：蔬菜机械趋向大型化、技术趋向智能化、配套使用高技术拖拉机、广泛应用多功能机械、机具质量稳定可靠、使用寿命长、售后服务完善。

（二）日本蔬菜机械化生产现状

日本国土南北狭长，地形以山地为主，四季分明，雨量充沛，土质肥沃，气候条件适宜发展蔬菜产业，但人多地少、自然资源不丰富，蔬菜产业发展受到人均资源的制约。

从生产布局看，日本蔬菜生产户小而分散，"分散生产、集中供应"是蔬菜生产布局的主要指导思想。从生产目的看，日本蔬菜生产主要供应本地市场的需求。从生产方式来看，自然条件决定了蔬菜生产只能选择精致化发展道路。

日本利用有限的土地，基本解决了本国的蔬菜消费需求，其蔬菜产业发展模式成为许多自然条件相似国家的典范。

日本蔬菜产业发展特点可归纳为：

第一，注重先进技术的应用和科技创新，形成了规模化、专业化的蔬菜生产基地，广泛采用先进的栽培技术、良种繁育技术和机械化技术。这种模式以机械技术进步来替代劳动力为主，辅以化学及生物型技术进步以节约土地资源，除部分果菜类的采收环节尚未实现机械化外，蔬菜生产从播种、育苗、施肥直至收获、包装、上市都基本上实现了机械化，并向高性能、低油耗、自动化和智能化方向发展。

第二，农协是组织和发展蔬菜生产的基本元素，日本因人均耕地面积小，难以自然形成较大规模的生产经营体，政府通过发展和培养农协等合作组织提高蔬菜流通的组织化程度。

第三，在政府宏观管理方面，日本从中央到地方普遍实行一体化的蔬菜管理体制，颁布 10 余项法律法规实行依法治理，实行指定品种、指定产地、指定消费地的产销计划管理，建立完善的信息系统，为保护农民利益和稳定物价，对农产品实行严格的保护措施。

（三）欧洲国家蔬菜机械化生产现状

欧洲国家拥有多样化的气候和地形条件，蔬菜种类非常丰富，是全球主要的西红柿产地之一。欧盟南部成员国以露地生产为主，温室生产为辅，荷兰和比利时则是以蔬菜周年温室生产为主。蔬菜是欧盟有机农业的重要内容之一，2014 年在欧盟的 3.8 万个有机农业生产商中，从事水果和蔬菜的比例为 18.5%。

从 20 世纪 50 年代开始，欧洲国家以提高农业生产率为目标，加快了农业现代化的进程，其农机工业体系较为发达，蔬菜机械化生产发展较早，机械化程度较高。

法国的蔬菜生产主要分布在南部靠近西班牙的热带地区和卢瓦河流域西部沿大西洋地区。露地蔬菜生产从整地施肥、起垄作畦、移栽（播种）覆土、中耕施肥、除草采收，全部为配套机械化作业，灌溉以管道化的喷灌为主，露地蔬菜主要以沙拉菜、紫甘蓝、胡萝卜等为主。保护地蔬菜生产主要以大玻璃暖房种植的西红柿、黄瓜、辣椒为主。暖房内的温度、湿度、CO_2 的浓度都由分布在各处的探测装置测试并用计算机系统根据标准自动控制调配。蔬菜病虫害以生物防治为主，基本不施农药。施肥根据作物的不同生长期对各种营养元素的需求规律，配置科学的施肥配方，配方肥随作物灌溉系统直接输送到根部。

自 20 世纪 60 年代起，荷兰政府以节约土地、提高土地生产率为目标调整农业结构和生产布局，使农业生产向产业化、集约化和机械化发展。其中温室设施农业是荷兰最具特色的农业产业，居世界领先地位。目前荷兰温室建筑面积为 11 亿 m^2，占全世界玻璃温室面积的 1/4，主要种植鲜花和蔬菜，具有自动化程度和生产水平高，集约化、规模化、专业化生产，规范有序的市场经营等特点。荷兰的温室产品中有 50% ~ 90% 用于出口，其中温室蔬菜占本国蔬菜的外销比例高达 86%，同时荷兰也是世界上四大蔬菜种子出口国之一。

德国的农机工业很发达，每年的出口量约占农业机械生产的 50%，出口额占西欧各国前列。农机产品制造水平高，农机企业对市场需求反映及时，适应能力强，因此在世界上占有较高份额。德国的蔬菜机械化生产水平较高，农机和农艺结合较为密切，严格按照标准进行种植管理，自动化程度较高。

（四）国外典型模式

从蔬菜产业发展角度分析，国外典型模式可概括为以下三种：

1. 美加模式

以美国、加拿大、澳大利亚为范例，产业特征为大生产、大流通。生产特点是自然条件优越，生产布局区域化；以农场为主体，生产高度专业化；大规模农场生产，促进全程机械化；在育种、环境和农药等方面科学管理，实现了产前、产中、产后全程社会化服务；公司制农场实现产、供、销、流通一体化。机械化技术选择走资源集约化和机械化道路，蔬菜生产趋向全程机械化、高技术、多功能、大型化、自动化。

2. 海岛模式

以日本、韩国为范例，产业特征是小生产、大流通进口主导。生产特点是人多地少，生产主体以家庭农户为主；生产布局为"分散生产、集中供应"；生产目的以供应国内市场为主；生产方式走精致化道路；通过农协等实现集约化和规模化。机械化技术选择以提高劳动效率，减小劳动强度为目标，蔬菜生产趋向设施化、小型配套机械化。

3. 欧洲模式

以欧盟各国为范例，其发展环境介于美加模式与海岛模式之间，在蔬菜生产方面，欧盟通过规模化使蔬菜生产走向现代化。在规模扩大进程中，政府扶持成效显著，如德国在20世纪50年代制定了农业结构政策，法国颁布《农业指导法》以实施土地集中。在蔬菜国际贸易方面，欧盟采取多种支持措施，增加蔬菜产业的国际竞争力，促进蔬菜出口贸易。在蔬菜产业宏观管理方面，欧盟依托共同的农业政策，引导各国蔬菜产业协调发展。

从蔬菜生产机械化发展角度分析，国外几乎都是在实现大作物生产机械化后才有蔬菜生产机械化，通过引进或改制大田作物通用机械实现耕整地、播种、施肥、田间管理等作业环节的机械化，然后研制蔬菜移栽和收获等专用机具。欧美国家和日本等发达国家蔬菜生产机械化发展迅速，其中美国蔬菜生产机械化水平最高，从育种到田间管理均实现了机械化，80%以上采用机械化育苗，在耕整地和播种环节，机械化率基本达到100%，西红柿、芹菜、花菜等蔬菜移栽实现了机械化，田间管理环节以沟灌和喷滴灌为主已实现机械化，收获环节除部分果菜和叶菜类蔬菜收获尚需人工辅助外，块茎类蔬菜已实现机械化收获。

二、国内蔬菜机械化现状

我国蔬菜生产机械化初始阶段具体表现在种植地区、生产环节、农机使用者和农机购置补贴政策等方面差异较大，机械化水平不均衡严重制约了我国蔬菜产业的发展。

（一）蔬菜生产区域特点

东北地区地广人稀，农业资源丰富，土地规模化程度较高，是我国农业机械化发展条件优越和水平较高区域。由于东北地区地处温带季风气候区，冬季寒冷漫长，气候条件有利于减少农作物病虫害发生率，适宜发展绿色蔬菜和有机蔬菜。东北地区蔬菜生产中耕整地和植保机械化水平较高，种植和收获环节的机械化水平相对较低，与我国其他区域蔬菜机械化生产发展现状基本一致。

西北地区地域辽阔，以新疆为代表，其蔬菜加工业在全国处于先进水平，西红柿、辣椒等特色农产品加工是当地政府发展的重点，新疆农产品产后加工环节机械化水平较高，但鲜食蔬菜生产环节机械化水平较低。除耕整地环节之外，种植、植保、收获等环节机械化水平相对较低，影响了蔬菜产业全过程协同发展。此外，南疆、北疆自然条件不同导致种植制度差异较大，如南疆一些地区蔬菜与林果作物间作套种，种植制度不适宜机械化技术推广。

华北地区以山东为代表。山东蔬菜产业发展迅速，设施蔬菜最具特色，产品远销日本、韩国等国家。设施蔬菜与大田蔬菜的种植方式区别巨大，设施蔬菜生产采用的育苗技术更为先进，钵体育苗应用广泛，工厂化育苗具有一定规模，耕整地环节一般采用小型和微型耕作机械，灌溉方式较为先进，滴灌、喷灌、微灌等均有应用。在种植和收获环节，设施蔬菜和大田蔬菜均以人工作业为主，实际生产中较少使用机械。

长江中下游地区以江苏、浙江和上海等为代表，这些地区自然环境良好，经济基础雄厚，发展条件优越，除栽种环节需要人工辅助外，耕整地环节机械化水平较高，植保环节大多采用电动或柴油驱动的植保机械作业，灌溉采用微灌、喷灌、滴灌等设施，蔬菜机械化种植在部分地区已得到应用和推广，根茎类蔬菜收获开始采用机械化作业，茄果类和叶类蔬菜主要依靠人工生产作业。

华南和西南地区由于受自然条件、地形因素和经济基础等方面影响，蔬菜生产机械化发展相对落后，在经济较发达的平原地区蔬菜机械化生产水平高于其他地区，在耕整地和植保环节机械化作业应用较广泛，在种植和收获环节机械化作业应用较少，在丘陵山区植保环节机械化作业应用较少，种植主要依靠人工，机械化作业水平低。

（二）蔬菜生产各环节

种子处理与育苗方面，受处理成本和技术设备等影响，我国蔬菜种子处理一般采用化学药剂浸泡处理方法，一些先进技术如等离子体处理、激光处理等尚处于试验示范阶段。我国种子处理主要由种子公司完成，从种子公司购买种子后进行简单处理即可。不同种类蔬菜育苗技术不同，蔬菜育苗设备价格较高，需要一次性投入较多资金，对生产管理等要求较高，导致使用成本高，因此我国蔬菜工厂化育苗应用较少，利用率较低。

耕整地方面，耕整地环节的机械化水平在蔬菜生产环节中最高，江苏、山东等地蔬菜耕整地机械化水平达90%以上，原因是这些地区经济发展、农机化水平、农机工业水平均较高，机械化发展条件好，拥有性能可靠、质量稳定、技术成熟的蔬菜耕整地机具满足蔬菜生产的需要。此外，蔬菜耕整地环节机械化技术与其他农作物相比差异较小，小麦、水稻、玉米等粮食作物的耕整地机械可直接作为替代机具用于蔬菜耕整地作业，满足蔬菜机械化生产需求。由于受到蔬菜传统种植模式的影响，我国各地区蔬菜耕整地环节机械化存在诸多共性问题，包括蔬菜耕整地标准化、规范化程度不够，普遍依赖人工作业，同一地区的田块整理起垄规格、地面平整度、土壤条件等缺乏统一标准，起垄环节作业质量标准化和规范化程度低，直接影响后续播种、移栽、田间管理、收获等环节作业，间接影响各环节的装备技术创新。

种植方面，我国蔬菜种植机械化水平极低，少数地区采用蔬菜播种机实现机械化作业，大多数地区蔬菜播种和移栽环节仍依赖人工作业，机械化作业水平几乎为零。其原因为：不同蔬菜品种的种植制度不同且差异较大，对种植机械的配套性、多样性和专用性提出了较高要求，目前技术成熟、性能可靠的种植机械十分缺乏，受耕整地环节机械化水平影响，土壤条件无法满足种植机械作业要求，导致蔬菜种植机械化作业水平低。

田间管理方面，与蔬菜生产其他环节相比，灌溉与植保环节机械化水平相对较高。在蔬菜规模化种植过程中，机械增压喷灌是应用较多的灌溉方式，有条件的地区已在应用更先进的喷灌和滴灌设备。在机械化植保方面，电动喷雾机或机械喷雾器在蔬菜生产中利用率较高，蔬菜种植规模化程度不高，大型担架式喷雾机应用较少，由于承担风险能力较弱，在植保作业中普遍坚持控制成本和实现效益最大化的原则，仍根据现有条件完成。

收获方面，蔬菜机械化收获作业包括切割、采摘、挖拔各类蔬菜的可食用部位，因此蔬菜收获机械可分为根茎类、茄果类、叶菜类等，蔬菜类型不同收获机械化水平也存在较大差异。胡萝卜、萝卜等根茎类收获机械化水平相对较高，山药、牛蒡、芋艿等特色蔬菜除外。我国蔬菜以鲜食为主，茄果类蔬菜因成熟期不一致且需要分批次进行选择性收获，机械化收获难度较大。叶菜类蔬菜因食用部位易受损伤故收获要求高、难度大，基本依赖人工完成作业。除部分蔬菜基地或示范园区外，我国蔬菜收获机械化水平几乎为零，收获机械的机械化和自动化程度也较低，多数收获机械在作业时需要人工辅助。蔬菜产地运输机械化程度较高，但在地形复杂、田间基础建设条件较差或种植规模较小等情况下，蔬菜装运仍然依靠人工完成。

（三）各地推进情况

我国进入"十二五"规划以来，来自蔬菜产业界对机械化生产的呼声越来越高，上海、江苏、北京、山东、四川、浙江、湖北等地加大对蔬菜生产新机具引进、试验示范和推广的力度，创新工作机制，促进蔬菜生产农机和农艺融合，在推动区域性蔬菜生产机械化进程中取得了可喜成绩。

1. 北京市

为了进一步提高蔬菜生产机械化作业水平，在北京市农委、市农业局的支持下，北京市农业机械试验鉴定推广站在充分调研的基础上，按照蔬菜生产全程机械化技术方案设计理念，强化农机与农艺、农机与信息化融合，重点解决蔬菜生产耕整地、移栽关键环节机械化作业技术，围绕露地蔬菜生产联合企业开发耕整地机械，引进试验，筛选了吊杯式膜上移栽机和链夹式裸地移栽机，利用北斗导航信息技术，实现了无人驾驶机械化移栽作业；围绕塑料大棚蔬菜生产提出两端结构改造设计方案，引进开发、筛选配套农机装备，实现了旋耕、起垄、铺管、覆膜、移栽关键环节机械化作业，作业效率提高了75%；围绕日光温室蔬菜生产，联合企业开发了农机作业3D平台，实现了叶类蔬菜生产耕整地、起垄做畦、播种、灌溉施肥、植保环节半自动化、机械化作业及收获省力化作业。目前，在延庆开展露地甘蓝生产耕、种（定植）、收、管全程机械化试验示范；在平谷开展日光温室农机作业3D平台的技术性能试验；在全市示范推广塑料大棚蔬菜生产关键环节机械化技术。

2. 上海市

为了加速绿叶蔬菜生产机械的研究开发进程，上海市支持把"蔬菜生产机械化关键技术与装备的研究"列为科技兴农重点攻关项目。在上海市农委、市农机办的支持下，上海市农机鉴定推广站、上海市农业机械研究所和上海市农业科学院等单位在对国外机具的选型考察和充分调研的基础上，结合上海绿叶蔬菜生产的实际，重点解决绿叶蔬菜机械化。2012年，从意大利引进蔬菜作畦机、蔬菜播种机和自走式绿叶菜收割机等绿叶蔬菜生产机械，并进行适应性试验，筛选出适合上海地区绿叶蔬菜生产的机械。目前已在上海沧海桑田生态农业有限公司基地、上海市农业科学院庄行基地和上海农业机械鉴定推广站试验场等地结合绿叶蔬菜生产，分别对消化吸收再创新的三种蔬菜机具进行技术性能和适应性试验。

下一步，上海市将建立若干蔬菜机械化生产基地，推进适合管棚生产的中小型机械，提高蔬菜生产机械化水平达60%。加大新机具、新技术推广力度，在规模化、标准化示范园艺场推广机械化耕整地、起垄做畦、机械种植、水肥一体化、收割冷藏等技术装备。加快蔬菜机械化成果转化，研究和推广适合机械化的蔬菜新品种和新技术，加强产业技术体系支撑，示范应用各项科技成果。

3. 江苏省

2013年，江苏省人民政府制定《全省实施农业现代化工程十项行动计划》，其中的"绿色蔬菜基地建设行动计划"要求到2017年全省建设提升150万亩永久性蔬菜基地，蔬菜播种面积稳定在2 200万亩以上。有关部门在省科技支撑计划、农业科技自主创新资金、农业（农机）"三新"工程等项目中加大对设施蔬菜生产机械化技术创新、试验、示范、推广的力度，特别是2012年以来，省农机局以重大集成项目"设施蔬菜生产关键环节机械化技术集成应用"加快推进设施蔬菜生产机械化，目前已在全省18个县35个设施蔬菜基地集成应用机械化技术，蔬菜品种涵盖青菜、生菜、韭菜、包菜、甘蓝、西红柿、辣椒、芋头等蔬菜，应用了撒肥、翻耕、整地、播种、移栽、植保、收获等环节生产机具，提高了基地机械化生产水平，并辐射周边园区。目前，依托蔬菜生产基地，按照蔬菜生产各环节农艺要求，选择和优化机具配置，以徐州市沛县"日光温室茄果类机械化生产技术路线"、张家港"韭菜机械化生产技术路线"为代表，已初步探索形成了一批体现农机和农艺融合特点的蔬菜机械化生产模式。

除加强技术支撑外，江苏省还加大蔬菜生产机具购置资金扶持和机具作业社会化服务主体培育力度，引导农机社会化服务体系发展，探索专业农机服务组织建设规范、机具配置、运行管理等，提高蔬菜生产机械利用率，提升农机服务组织化水平。目前已建成三种服务模式：以常熟碧溪镇为代表的自我服务；以常熟董质镇和地山区为代表的社会化服务；以张家港牛桥镇为代表的自我服务和提供社会化服务。

4. 山东省

山东省是蔬菜大省，近年来，全省蔬菜面积一直保持稳定增长，2014年全省蔬菜（含西甜瓜）种植面积为3 126万亩，约占全国的1/10，其中设施蔬菜播种面积达到130万亩，占全国的1/4；总产1.1亿t，约占全国的1/7；产值2 061亿元，约占全省农业总产值的43%；出口353.8万t，创汇32.69亿美元，约占全国的1/3，蔬菜已经成为山东省的支柱产业之一。

自2000年以来，山东省农机局一直把以蔬菜生产为主的设施农业列为全省农机化创新示范工程的重点项目，在蔬菜主产区示范推广温室生产机械与设备。2010年8月，山东省人民政府印发了《山东省人民政府关于实施蔬菜等五大产业振兴规划的指导意见》，指出蔬菜产业要大力发展设施蔬菜，提高栽培水平，加快保护地设施的更新改造和换代升级，推广新型设施和覆盖材料。目前，全省拥有微耕机18万台套，卷帘机64万台套（卷帘面积117万亩），微灌设备17万台套（微灌面积110多万亩），育苗设备700多套（育苗栽培面积5万多亩），移栽机械100多台套（作业面积近15万亩），温控设备8 000余套（控制面积近10万亩），二氧化碳发生器20万台套（施气肥面积25万亩），烟雾机4万台套。在部分大棚中还试验示范了声频发生器、臭氧发生器、补光灯、加温通风设备、微机控制系统和物联网系统。

随着大田蔬菜规模化生产的发展，大田蔬菜机械化生产越来越得到重视，但是，总体上还处于起步阶段。除常规的耕整地、植保、灌溉机械等得到普遍应用外，蔬菜的移栽、嫁接、收获等关键环节机械化水平仍然很低。近几年，部分生产企业研发生产了蔬菜种植的开沟机、筑畦机、起垄机、育苗设备、移栽机、铺膜机、拱棚铺膜机、叶菜类收获机、大葱挖掘机、大蒜挖掘机、生姜挖掘机、山药种植开沟机、山药收获机等。2015年以来，山东省农机局将蔬菜机械研发列入了"山东省农机装备研发创新计划"，如大葱收获机研发等项目，今后将进一步扩大支持范围，这将有力促进山东省大田蔬菜机械化生产的快速发展。另外，山东省部分蔬菜种植专业合作社自主引进国外先进的耕整地、育苗、移栽、收获等机械，发挥了积极的引领作用，将有效推动蔬菜专业化、规模化和机械化生产。

5. 成都市

为促进全市蔬菜产业的发展，成都市人民政府出台了《成都市人民政府关于进一步统筹推进"菜蓝子"工程建设的意见》（成府发〔2014〕2 号）。文件明确要求：加大蔬菜新品种、新技术研发力度，大力推广使用新技术、新机具。为加快成都市蔬菜机械化生产技术的探索步伐，在成都市农业委员会和成都市科技局的安排下，由成都市农林科学院农业机械研究所（成都市农机科研推广服务总站）牵头和技术支撑，相关区（市）县农业农村局配合，汇集全市农机专家和蔬菜种植专家一起成立了项目组并具体实施。按照成都市东南西北的地理分布及各地蔬菜种植品种和习惯的实际情况进行部署，依托有积极性且有实力的蔬菜种植企业和合作社，建立了 6 个蔬菜机械化生产试验示范基地，基地核心面积 1 000 亩，辐射面积达 5 000 亩。

试验示范先后引进了蔬菜育苗流水线、起垄覆膜机、精整地机、半自动蔬菜移栽机、全自动蔬菜移栽机、电动蔬菜籽直播机、气力式直播机、自走喷杆式喷雾机、包菜收获机、生菜收获机和胡萝卜收获机等各种先进机具。生产环节分别开展了机械化育苗、土地机械化耕整、机械化移栽、机械化直播、机械化植保和机械化收获的试验示范。机械化育苗的试验示范，由成都金田种苗有限公司和成都百信生态农业发展有限公司承担，依托他们的专业育苗技术，育出适合机械化移栽的蔬菜苗。土地机械化耕整、机械化移栽、机械化直播、机械化植保和机械化收获环节，依托试验示范基地的合作社承担。

从作物品种来说，一是依托彭州市凤霞蔬菜产销专业合作社开展了甘蓝的全程机械化生产技术试验示范，依托郫都区聚鑫农农机联合社开展了生菜全程机械化生产技术试验示范，依托简阳市龙华农机专业合作社开展了胡萝卜全程机械化生产试验示范。二是在其他试验基地，分别开展了开沟起垄覆膜、精整地等土地耕整试验示范，以及茄子、西红柿、辣椒、莴笋等的机械化移栽，萝卜、菠菜、小白菜的机械化直播试验示范，目前这些技术演示和小面积示范均已完成，推广还处于瓶颈阶段。

目前，在示范区胡萝卜、生菜和莲花白已经实现全程机械化生产，其余部分作物（辣椒、莴笋、西兰花、西红柿等）部分环节（土地耕整、育苗、移栽）已经应用于小面积的实际生产，实现了成都市蔬菜机械化生产零的突破。同时编写了《适合机械化移栽结球生菜穴盘育苗技术规程》《2BQS-4型气力式蔬菜播种机胡萝卜播种作业规程》以及《生菜全程机械化生产技术规程》和《胡萝卜全程机械化生产技术规程》。

每年开展了全市蔬菜机械化技术现场演示会，召集各区（市）县农机分管领导和科（站）长以及农机专业合作社、蔬菜种植合作社负责人参加，并进行现场演示和室内培训。连续几年在中国四川（彭州）蔬菜博览会期间进行蔬菜全程机械化生产技术的现场演示，得到了全国同行的一致认可。

6. 武汉市

蔬菜是武汉市都市农业主导农产品，种植品种涵盖叶菜类、茎菜类、果菜类、根菜类和花菜类等五大类40多个常见品种，常年播种面积超过280万亩，占全市农作物总播种面积的1/3，武汉市蔬菜生产机械拥有量已达5.7万台，蔬菜机械化生产整体水平超过30%。武汉市针对蔬菜生产全程机械化中的育苗移栽、精量播种、收获等薄弱环节，引进、示范了整地作畦机、多功能田园管理机、撒肥机、气吸式育苗播种机和播种流水线、移栽机、精量播种机、各类收获机械、产后处理机械以及秸秆还田和有机肥生产机械，初步形成了较完备的蔬菜生产耕整、种植、收获、植保及产后处理全程机械化配套技术体系及技术路线，示范辐射面积超过10万亩。

同时，武汉市还制定了适合当地的蔬菜机械化生产作业技术规范和标准10项。该市还以蔬菜生产全程机械化为重点，提高农业生产补贴的精准性和指向性，从2014年起实施了蔬菜生产机械购置补贴，补贴标准上限可达50%。

第三节 蔬菜机械化环境影响因素

一、发展环境影响

农业机械化是农业系统的子系统，其发展受诸多环境因素制约，蔬菜生产机械化发展应结合其产业特点，综合考虑自然环境、经济环境、社会环境等因素的制约。

（一）自然环境

我国土地辽阔、耕地肥沃，自然区位和生态条件适宜大部分蔬菜生产，但我国人均土地资源十分缺乏。我国自然资源条件与蔬菜产业发展之间的相互影响和制约关系随着生产力发展水平不同而不断变化，在生产力水平较低阶段，蔬菜产业发展对自然资源的依赖性较大，生产力水平的提高有利于弥补自然资源的不足。我国良好的自然资源为蔬菜生产力的提高提供了有利条件和原动力，土地资源紧缺从客观上促进了以提高综合效益为目标的农业科技创新，以及对蔬菜机械化生产技术的迫切需求。

（二）经济环境

农业机械化发展的经济环境可分为宏观经济环境、农业经济环境、非农业和农机工业发展水平等方面。经济环境对蔬菜生产机械化发展的影响主要是，国民经济发展水平一定程度上决定了蔬菜机械化投入水平和能力，决定了农业生产过程中对蔬菜机械化生产方式的需求，国民经济发展水平越高，城乡劳动力成本就越高，农村劳动力转移的外在动力和需求就越大，在蔬菜生产过程中使用机械替代人工的需求更迫切，从而对蔬菜机械化生产技术体系发展的需求也会更迫切。

农村经济体制也决定农业装备的管理运行方式及经营规模，国家宏观经济政策体现着社会经济对蔬菜产业及蔬菜生产机械化发展的政策导向、关注程度和支持力度，涉及政策、资金、项目、技术、人才等资源的配置，直接影响社会资源流向，从而间接对蔬菜生产机械化发展速度和方向产生影响。

（三）社会环境

社会环境对蔬菜生产机械化发展的影响主要有两个方面。在人口环境方面，农村劳动力大量转移使得蔬菜产业对机械化技术的需求增加，这有利于蔬菜生产机械化的发展，劳动力素质的不断提高有利于对蔬菜生产机械化技术的推广应用。2004年《中华人民共和国农业机械化促进法》的颁布实施为农业机械化发展提供了法律保障，推进了蔬菜生产机械化的发展。

在技术环境方面，对蔬菜发展影响较大的是良种选育和设施栽培两项技术，其中农机设计制造水平与工业技术水平和装备制造能力密切相关，农业生产技术与农机应用过程紧密相关，各种农机装备使用和管理与各类技术人才情况密切相关，蔬菜生产机械化技术也涵盖了以上技术领域。

蔬菜生产机械化发展的物质基础是非农产业发展水平与农机工业发展水平，经济基础是农村经济发展水平特别是农民人均收入，前提条件是城镇化进程加快带来的农村剩余劳动力转移，必备条件是规模化生产经营组织方式，社会条件是农机服务社会化水平和蔬菜产业从业人员的受教育程度。

二、生产环境影响

蔬菜生产机械化水平很低，这与蔬菜产业地位不相符，更不能满足农业种植的需求。蔬菜生产机械化既有较大的内在提升空间，也有发展现代农业所急需的外在客观要求。当前我国蔬菜生产机械化发展面临的制约因素有：

（一）农艺复杂制约机械化技术应用

我国常年生产的蔬菜约为十四大类共150多种，为了提高土地的生产力，蔬菜种植茬口较多，北方平均年产蔬菜2~3茬，南方平均年产蔬菜3~4茬。

由于蔬菜品种繁多，以人工劳动为主的传统蔬菜生产模式农艺技术比较复杂，自然条件等因素决定了各区域之间种植制度差异较大，而我国蔬菜生产又缺乏标准化的种植规范，因此与粮油等主要农作物相比，蔬菜生产机械化技术推广的不利条件较多。

1. 品种多且要求不一样

不同品种蔬菜对收获机械的作业要求完全不同，导致收获机械的专用性强而通用性弱，制约了蔬菜采收环节中机械的应用。如根茎类蔬菜要求收获机械具有从土下挖拔的功能；茄果类蔬菜选择性采收需要对采收目标成熟度进行识别选择，要求收获机械具有自动化和智能化功能；叶菜类蔬菜因大多用于鲜食，故要求机械收获时不能造成蔬菜食用部位损伤，且在收获后实现整齐摆放。

2. 未形成标准化生产

由于蔬菜产地自然条件的差异，各地区对耕整地、起垄等作业参数要求不同，甚至同一地区存在多种尺寸规格，标准不统一、不规范，不适宜机械化作业，对耕整地机械研发推广形成了制约。

3. 套种农艺不适合机械化作业

由于蔬菜生产复种指数普遍较高，与其他作物套种的情况较多，在套种农艺制度下，机械作业难度加大，对蔬菜生产各环节的机械化技术研发推广均产生不利影响。

4. 蔬菜植株差异大

不同品种的蔬菜植株形态差异较大，对植保和田间管理机具的配套性和适应性都提出了较高的要求。

（二）生产规模偏小影响农机推广

我国蔬菜生产规模普遍较小，据初步统计，75%的蔬菜种植户的生产规模小于0.5亩，22.6%的蔬菜种植户的生产规模为0.5~5亩。只有1.4%的蔬菜种植户的生产规模大于5亩。目前我国蔬菜规模化种植模式主要集中在大中城市周边城郊地区，广大农村地区蔬菜生产模式仍普遍以家庭散户为单元。蔬菜种植家庭散户大多倾向于人工劳作，原因有多个方面。

1. 单家独户机具使用成本高

家庭散户分布零散，蔬菜生产规模小，机具购买投入前期成本较大，机具利用率不高，且家庭散户一般不将人工劳动力计入生产成本，机具使用成本就显得相对较高。

2. 传统种植与机械作业不适应

家庭散户一般都采用传统种植方式，缺乏科学性和规范性，农艺制度与机械作业不相适应，这也是影响机械化技术应用的主要瓶颈。

3. 规模化组织发展不规范

蔬菜龙头企业、蔬菜种植大户和蔬菜专业合作社是规模化生产的主体，由于组织经营模式多样，在蔬菜生产过程中的规模化、标准化、专业化、集约化程度不尽相同，少数主体发挥了规模化生产职能，多数主体发挥生产职能存在局限，一些蔬菜专业合作社在实际生产中仍以家庭散户为主，经营组织模式没有实质性改变，一定程度制约了机械化技术应用。

（三）适宜蔬菜生产的装备技术储备不足

由于蔬菜品种多，生长环境、食用部位、鲜嫩程度也不尽相同，难以开发出适宜各种蔬菜的通用型综合机械。一方面，机械技术的通用性影响机具大面积推广，现有机具适用的蔬菜品种和作业环节比较单一，可靠适用的叶菜类收获机械和茄果类收获机械非常缺乏。另一方面，蔬菜生产机械的性能、质量、安全和售后服务也是影响推广应用的重要因素。

（四）缺乏系统的机械化技术标准和规范

首先是设施结构与机具不配套，在我国设施蔬菜园区，普遍存在设施简陋空间小、不标准等制约机具作业的问题；其次是蔬菜生产各环节间的机械不配套、作业标准不统一、耕整地土壤条件和垄形规格等参数不符合种植和收获等后续生产环节机具作业的要求，严重制约了机械化技术应用，急需研发标准化、系列化作业机具，并制定配套规范。

（五）机械使用成本影响购置意愿

农业机械的应用受技术经济条件制约，当使用机械所产生收益能达到预期目标时，客观上才具有选择机械生产的动力条件，种植户才会产生使用机具的意愿。当种植面积不大时，为降低生产成本，种植户通常会选择由家庭劳动力完成作业，当种植规模扩大时，在家庭劳动力无法完成作业的情况下，种植户才会考虑购置机具。对种植户而言，农机购置成本较高，投资回报期相对较长，经过从体力节省、经济收入等多方面的充分权衡，当预期收益远超机械使用成本时，种植户才会做出购置机具的投资决策，机械也才具备推广条件，而且种植户往往不将家庭劳动力计入生产成本，甚至把通过投入家庭劳动力而节省的机械使用费算作收益。此外，蔬菜田块布局和田间基本建设条件等也与机械作业成本密切相关。

第二章　蔬菜生产环境

第一节　蔬菜的分类

蔬菜品种繁多，据统计，世界范围内的蔬菜共有 200 多种，在同一种类中，还有许多变种，每一变种中又有许多品种。为了便于研究和学习，需要对这些蔬菜进行系统的分类。常用蔬菜分类方法有三种，即植物学分类法、食用器官分类法和农业生物学分类法。

一、植物学分类法

依照植物自然进化系统，按照科、属、种和变种进行分类的方法。我国普遍栽培的蔬菜，除食用菌外，分别属于种子植物门双子叶植物纲和单子叶植物纲的不同科。采用植物学分类可以明确科、属、种间在形态、生理上的关系，以及遗传学、系统进化上的亲缘关系，对于蔬菜的轮作倒茬、病虫害防治、种子繁育和栽培管理等有较好的指导作用。常见蔬菜按科分类如下：

（一）单子叶植物

1. 禾本科

常见的禾本科蔬菜有：毛竹笋、麻竹、菜玉米、茭白。

2. 百合科

常见的百合科蔬菜有：黄花菜、芦笋、卷丹百合、洋葱、韭葱、大蒜、南欧葱（大头葱）、大葱、分葱、韭菜。

3. 天南星科

常见的天南星科蔬菜有：芋、魔芋。

4. 薯蓣科

常见的薯蓣科蔬菜有：普通山药、田薯（大薯）。

5. 姜科

常见的姜科蔬菜有：生姜。

（二）双子叶植物

1. 藜科

常见的藜科蔬菜有：根恭菜（叶恭菜）、菠菜。

2. 落葵科

常见的落葵科蔬菜有：红落葵、白落葵。

3. 苋科

常见的苋科蔬菜有：苋菜。

4. 睡莲科

常见的睡莲科蔬菜有：莲藕、芡实。

5. 十字花科

常见的十字花科蔬菜有：萝卜、芜菁、芜菁甘蓝、芥蓝、结球甘蓝、抱子甘蓝、羽衣甘蓝、花椰菜、青花菜、球茎甘蓝、小白菜、结球白菜、叶用芥菜、茎用芥菜、芽用芥菜、根用芥菜、辣根、豆瓣菜、荠菜。

6. 豆科

常见的豆科蔬菜有：豆薯、菜豆、豌豆、蚕豆、豇豆、菜用大豆、扁豆、刀豆、矮刀豆、苜蓿。

7. 伞形科

常见的伞形科蔬菜有：芹菜、根芹、水芹、芫荽、胡萝卜、小茴香、美国防风。

8. 旋花科

常见的旋花科蔬菜有：蕹菜。

9. 唇形科

常见的唇形科蔬菜有：薄荷、荆芥、罗勒、草石蚕。

10. 茄科

常见的茄科蔬菜有：马铃薯、茄子、西红柿、辣椒、香艳茄、酸浆。

11. 葫芦科

常见的葫芦科蔬菜有：黄瓜、甜瓜、南瓜（中国南瓜）、笋瓜（印度南瓜）、西葫芦（美洲南瓜）、西瓜、冬瓜、瓠瓜（葫芦）、普通丝瓜（有棱丝瓜）、苦瓜、佛手瓜、蛇瓜。

12. 菊科

常见的菊科蔬菜有：莴苣（莴笋、长叶莴苣、皱叶莴苣、结球莴苣）、茼蒿、菊芋、苦苣、紫背天葵、牛蒡、朝鲜蓟。

13. 锦葵科

常见的锦葵科蔬菜有：黄秋葵、冬寒菜。

14. 楝科

常见的楝科蔬菜有：香椿。

二、按产品器官分类

（一）根菜类蔬菜

这类菜的产品（食用）器官是肉质根或块根，所以又分肉质根菜类和块根菜类。

1. 肉质根菜类

常见的肉质根菜类有：萝卜、胡萝卜、大头菜、芜菁、芜菁甘蓝、根用甜菜等。

2. 块根菜类

常见的块根菜类有：豆薯、甘薯、葛等。

（二）茎菜类蔬菜

以肥大的茎部为产品的蔬菜，分为地下茎类和地上茎类蔬菜。

1. 地下茎类

（1）块茎菜类常见的如马铃薯、菊芋等。

（2）根茎菜类常见的如姜、莲藕等。

（3）球茎菜类常见的如荸荠、慈姑、芋等。

（4）鳞茎菜类常见的如大蒜、洋葱、百合等。

2. 地上茎类

（1）肉质茎菜类常见的如莴苣、茭白、茎用芥菜等。

（2）嫩茎菜类常见的如芦笋、香椿等。

（三）叶菜类

以叶片或叶球、叶丛、变态叶、叶柄为产品的蔬菜。分为普通叶类菜、结球叶类菜、香辛叶类蔬菜。

1. 普通叶菜类

常见的普通叶菜类有：小白菜、乌塌菜、菠菜、苋菜、叶用芥菜等。

2. 结球叶菜类

常见的结球叶菜类有：结球甘蓝、大白菜、结球莴苣、抱子甘蓝等。

3. 香辛叶菜类

常见的香辛叶类蔬菜有：大葱、韭菜、茴香、芫荽、分葱等。

（四）花菜类

以花、肥大的花茎或花球为产品的蔬菜。分为花器类、花枝类、花球类蔬菜。

1. 花器类

常见的花器菜类有：金针菜（黄花菜）、朝鲜蓟等。

2. 花枝类

常见的花枝菜类有：菜心、菜薹、芥蓝等。

3. 花球类

常见的花球菜类有：花椰菜、青花菜等。

（五）果菜类

以果实或种子为产品的蔬菜。又分瓠果类、浆果类、荚果类和杂果类。

1. 瓠果类

常见的瓠果菜类有：黄瓜、南瓜、冬瓜、丝瓜、瓠瓜、菜瓜、蛇瓜、葫芦、甜瓜等。

2. 浆果类

常见的浆果菜类有：茄子、西红柿、辣椒等。

3. 荚果类

常见的荚果菜类有：菜豆、豇豆、刀豆、毛豆、豌豆、眉豆、蚕豆、四棱豆、扁豆等。

4. 杂果类

常见的杂果菜类有：甜玉米、菱角等。

按食用器官分类，在根据食用和加工的需要安排蔬菜生产方面有着重要意义。多数食用器官相同的蔬菜，其生物学特性及栽培方法大体相同，如根菜类中的萝卜和胡萝卜分别属于十字花科和伞形科，但对环境条件的要求和栽培技术却非常相似。按食用器官分类也有一定的局限性，即不能全面地反映同类蔬菜在系统发生上的亲缘关系，部分同类的蔬菜如根状茎类的莲藕和姜，不论在亲缘关系上还是生物学特性及栽培技术上均有较大的差异。

三、农业生物学分类

蔬菜生产和商业领域，常把蔬菜植物的生物学特性和栽培特点结合起来进行蔬菜的农业生物学分类。分类很多，但比较实用。

（一）白菜类

白菜类蔬菜如大白菜、小白菜、叶用芥菜、菜薹、结球甘蓝（圆白菜）、球茎甘蓝、花椰菜甘蓝等，都是十字花科植物。

（二）根菜类

根菜类蔬菜如萝卜、胡萝卜、芜菁、根用芥菜、根用甜菜等，以肥大的肉质直根为食用器官。

（三）茄果类

茄果类蔬菜如茄子、西红柿、辣椒，一年生植物。

（四）瓜类

瓜类蔬菜如黄瓜、南瓜、冬瓜、丝瓜、瓠瓜、菜瓜、蛇瓜、葫芦等，或包括西瓜、甜瓜等。西瓜、南瓜的成熟种子可以炒食，或制作点心食用。

（五）豆类

豆类蔬菜如菜豆、豇豆、刀豆、毛豆、豌豆、眉豆、蚕豆、四棱豆、扁豆等都是豆科植物，一年生。菜豆与豇豆一般用支架栽培。豌豆既可以烹调用嫩的豆角、豆粒，也可以烹调用幼嫩小苗，甚至豌豆芽。毛豆、蚕豆也可以食用芽菜。

（六）葱蒜类

葱蒜类如大葱、大蒜、洋葱、韭菜等；大蒜又有蒜苗、蒜薹、蒜黄等；韭菜又有韭黄、韭菜薹、韭菜花等。

（七）绿叶菜类

绿叶菜类蔬菜以嫩叶片、叶柄和嫩茎为食用产品，如芹菜、茼蒿、莴苣、苋菜、落葵、雍菜、冬寒菜、菠菜等。

（八）薯芋类

薯芋类蔬菜的食用器官富含淀粉，是植物的块茎或块根，如马铃薯、芋头、山药、姜、草石蚕、菊芋、豆薯等。

（九）水生蔬菜类

水生类蔬菜适于在池塘或沼泽地栽培，或野生。如藕、茭白、慈姑、荸荠、菱角、芡实等。

（十）多年生蔬菜类

多年生蔬菜是多年生植物，产品器官可以连续多年收获，如金针菜、石刁柏、百合、竹笋、香椿等。

（十一）食用菌类

食用菌类蔬菜是真菌类植物，其子实体或菌核供食用。如蘑菇、香菇、草菇、木耳、银耳、猴头菌、竹荪等。

（十二）芽菜类

芽菜类蔬菜是一类新开发、种类还在不断增加的蔬菜，如豌豆芽、乔麦芽、苜蓿芽、萝卜芽等。绿豆芽、黄豆（毛豆）芽等是早就广泛应用的芽菜。

有的书上把枸杞芽、柳芽、香椿也列在芽菜类中。

（十三）野生蔬菜类

现在较大量采集的野生蔬菜有蕨菜、发菜、荠菜、茵陈、苦买菜等；有些野生蔬菜已逐渐栽培化，如苋菜、地肤（扫帚菜）等。

第二节　蔬菜的栽培环境

蔬菜的栽培环境条件主要包括温度、光照、湿度、矿质营养、气体等。

蔬菜的生长发育及产品器官的形成，很大程度上受这些环境条件的制约，各种蔬菜及不同生育期对外界条件的要求不同。因此，只有正确掌握蔬菜与环境条件的关系，创造合适的环境条件，才能促进蔬菜的生长发育，达到高产优质的目的。

一、温　度

在影响蔬菜生长发育的各环境因素中，以温度的变化最明显，对蔬菜的影响作用也最大。了解每种蔬菜对温度适应的范围及其生长发育的关系，是合理安排生产季节的基础。

（一）与蔬菜作物生长发育相关的几个温度概念

1. 生育适温与生活适温

（1）生育适温　各种蔬菜植物进行正常的生长发育，要求一定的温度范围。在此温度范围内，同化作用强，生长良好，能生产出较多较好的产品。这一温度范围称为生育适温。

（2）生活适温　在生育适温范围之外，一定的最低温度和最高温度范围内，生育缓慢趋于停止，同化作用微弱，消耗较多，植株能较长期地保持生命力而不死亡。这一温度范围称为生活适应温度或生活适温。

2. 致死温度与临界致死温度

（1）致死温度　超过生活适应温度，植物就停止生长或受伤害，造成死亡的温度称为致死温度。

（2）临界致死温度　当温度低到一定程度，植株死亡率或细胞死亡率达到 50% 时，这时的温度称为临界致死低温。相应地还存在临界致死高温。

3. 三基点温度

生长发育停止的最低温度、最高温度和生长发育最快的最适温度，称为三基点温度。温度超出了最高或最低的范围，蔬菜作物的生理活性停止，甚至会全株死亡。

（二）不同蔬菜种类对温度的要求

根据蔬菜对温度的适应能力和适宜的温度范围不同，分为以下五种类型（表2-1）。

表 2-1 各种类蔬菜对温度的要求统计表

类别	生育适宜温度（℃）			露地栽培时月平均温度范围（℃）			阴天生长适宜温度（℃）
	最低	最适	最高	最低	最适	最高	
耐寒蔬菜	5 ~ 7	15 ~ 20	20 ~ 25	5	10 ~ 18	24	13
半耐寒蔬菜	5 ~ 10	15 ~ 20	20 ~ 25	7	15 ~ 20	26	16
耐寒多年生蔬菜	5	18 ~ 25	25 ~ 30	5	12 ~ 24	26	19
喜温蔬菜	10	20 ~ 30	30 ~ 35	15	18 ~ 26	32	22
喜寒蔬菜	10 ~ 15	25 ~ 30	35 ~ 40	18	20 ~ 30	35	25

1. 耐寒性蔬菜

耐寒性蔬菜包括除大白菜、花椰菜以外的白菜类和除苋菜、蕹菜、落葵以外的绿叶菜一类。生长适温为 17 ~ 20 ℃，生长期内能忍受较长时期 –2 ~ –1 ℃的低温和短期的 –5 ~ –3 ℃低温，个别蔬菜甚至可短时忍受 –10 ℃的低温。但耐热能力较差，温度超过 21 ℃时，生长不良。

2. 半耐寒性蔬菜

半耐寒性蔬菜包括根菜类、大白菜、花椰菜、马铃薯、豌豆及蚕豆等。生长适温为 17 ~ 20 ℃，其中大部分蔬菜能忍耐 –2 ~ –1 ℃的低温。耐热能力较差，产品器官形成期，温度超过 21 ℃时生长不良。

3. 耐寒而适应性广的蔬菜

耐寒而适应性广的蔬菜包括葱蒜类和多年生蔬菜。生长适温为 12 ~ 24 ℃，耐寒能力较普通耐寒性蔬菜强，耐热能力也较一般耐寒性蔬菜强，可忍耐 26 ℃以上的高温。

4. 喜温性蔬菜

喜温性蔬菜包括茄果类、黄瓜、西葫芦、菜豆、山药及水生蔬菜等。生长适温为 20 ~ 30 ℃，温度达到 40 ℃时，几乎停止生长。低于 15 ℃，开花结果不良，10 ℃以下停止生长，0 ℃以下生命终止。因此，在长江流域以南地区，适合春播或秋播，使结果时期安排在不热或不冷的季节里。

5. 耐热性蔬菜

耐热性蔬菜包括冬瓜、南瓜、西瓜、甜瓜、丝瓜、豇豆、芋、苋菜等。

耐高温能力强、生长适温为 30 ℃左右，其中西瓜、甜瓜及豇豆等在 40 ℃的高温下仍能生长。

（三）蔬菜不同生育时期和不同器官对温度的要求

1. 种子发芽期

种子发芽期要求较高的温度。喜温、耐热性蔬菜的发芽适温为 20 ~ 30 ℃，耐寒、半耐寒、耐寒而适应性广的蔬菜为 15 ~ 20 ℃。但此期内的幼苗出土至第一片真叶展出期下胚轴生长迅速，容易旺长形成高脚苗，应保持相对低温。

2. 幼苗期

幼苗期的适应温度范围相对较宽，如经过低温锻炼的西红柿苗可忍耐 0 ~ 3 ℃的短期低温，白菜苗可忍耐 30 ℃以上的高温等。根据这一特点，生产上多将幼苗期安排在月均温适宜温度范围较高或较低的月份，留出更多的适宜温度时间用于营养旺盛生长和产品器官生长，延长生产期，提高产量。

3. 产品器官形成期

产品器官形成期的适应温度范围较窄，对温度的适应能力较弱。果菜类的适宜温度一般为 20 ~ 30 ℃，根、茎、叶菜类一般为 17 ~ 20 ℃。栽培上，应尽可能将这个时期安排在温度适宜且有一定昼夜温差的季节，保证产品的优质高产。

4. 营养器官休眠期

营养器官休眠期要求较低温度，降低呼吸消耗，延长贮存时间。

5. 生殖生长期

生殖生长期间，不论是喜温性蔬菜还是耐寒性蔬菜，均要求较高的温度。果菜类蔬菜花芽分化期，日温应接近花芽分化的最适温度，夜温略高于花芽分化的最低温度（表 2-2）。

表 2-2　主要果菜类蔬菜的花芽分化适温统计表

种类	黄瓜	茄子	辣椒	西红柿
昼温（℃）	22 ~ 25	25 ~ 30	25 ~ 30	25 ~ 30
夜温（℃）	13 ~ 15	15 ~ 20	15 ~ 20	15 ~ 17

一年生蔬菜的花芽分化一般不需要低温诱导，但一定大小的昼夜温差对花芽分化却有促进作用。二年生蔬菜的花芽分化需要一定时间的低温诱导。

绿体春化型蔬菜，代表蔬菜有甘蓝、洋葱、大葱、芹菜等。绿体春化型蔬菜通过春化阶段要求的低温上限较低，需要低温诱导的时间也比较长。

开花期对温度的要求比较严格，温度过高或过低都会影响花粉的萌发和授粉。结果期和种子成熟期，要求较高的温度。

地温的高低直接影响到蔬菜的根系发育及其对土壤养分的吸收。一般蔬菜根系生长的适宜温度为 24 ~ 28 ℃，最低温度 6 ~ 8 ℃，最高温度 34 ~ 38 ℃；根毛发生的最低温度为 6 ~ 12 ℃，最高温度 32 ~ 38 ℃。不同蔬菜对地温的要求差异比较明显（表 2-3）。

表 2-3　主要蔬菜的地温要求指标统计表

蔬菜	根伸长温度（℃）			根毛发生温度（℃）	
	最低	最适	最高	最低	最高
茄子	8	28	38	12	38
黄瓜	8	32	38	12	38
菜豆	8	28	38	14	38
西红柿	8	28	36	8	36
芹菜	6	24	36	6	32
菠菜	6	24	34	4	34

二、光　照

光照是蔬菜作物生长发育的重要环境条件。主要是通过光照度、光周期和光质（即光的成分）三个方面影响蔬菜作物的光合作用，制约蔬菜作物的生长和发育，从而影响产量与品质，其中尤以光照度与蔬菜栽培的关系最为密切。

（一）光照度

根据蔬菜对光照度的要求范围不同，一般把蔬菜分为以下四种类型。

1. 强光性蔬菜

强光性蔬菜包括西瓜、甜瓜、西葫芦等大部分瓜类，以及西红柿、茄子、刀豆、山药、芋头等，该类蔬菜喜欢强光，耐弱光能力差。光饱和点 LSP ≥ 70 ~ 80 kLx。

2. 中光性蔬菜

中光性蔬菜包括大部分的白菜类、根菜类、葱蒜类以及菜豆、辣椒等。该类蔬菜要求中等光照，但在微阴下也能正常生长。光饱和点 LSP=40 ~ 60 kLx。

3. 耐阴性蔬菜

耐阴性蔬菜包括生姜以及大部分绿叶类蔬菜等。该类蔬菜不能忍受强烈的入射光线，要求较弱光照，必须在适度荫蔽下才能生长良好。栽培上常采用合理密植或适当间套作，以提高产量，改善品质。光饱和点 LSP ≤ 30 kLx。

4. 弱光性蔬菜

弱光性蔬菜主要是一些菌类蔬菜。如香菇、蘑菇、木耳等。该类蔬菜要求在极弱的光照条件下生长，甚至完全不需要光照（表 2-4）。

表 2-4　常见蔬菜光饱和点（LSP）和光补偿点（LCP）统计表　　单位：kLx

种类	LCP	LSP	种类	LCP	LSP
西红柿	2.0	70	襄荷	1.5	20
茄子	2.0	40	款冬	2.0	20
辣椒	1.5	30	鸭儿芹	1.0	20
黄瓜	1.0	55	马铃薯	——	30
南瓜	1.5	45	西葫芦	0.4	40
甜瓜	4.0	55	芹菜	1.0	40
西瓜	4.0	80	甜椒	1.5	30
甘薯	2.0	40	大白菜	1.3	47
芜菁	4.0	55	韭菜	0.12	40
芋头	4.0	80	生姜	0.5 ~ 0.8	25 ~ 30
菜豆	1.5	25	萝卜	0.6 ~ 0.8	25
豌豆	2.0	40	芦笋	——	40
芥菜	2.0	45	大葱	2.5	25
结球莴苣	1.5 ~ 2.0	25	香椿	1.1	30

当然，蔬菜对光照度的要求随着生育时期的变化而改变。一般而言，除个别蔬菜外，发芽期一般不需要光照；成株期比幼苗期需要较强的光照；开花结果期比营养生长期需要较强的光照。

（二）光周期

光周期是指日照长度的周期性变化对植物生长发育的影响。日照长度首先影响植物花芽分化、开花、结实。其次还影响到分枝习性、叶片发育，甚至地下贮藏器官如块茎、块根、球茎、鳞茎等的形成，以及花青素等的合成。光照时数长，光合产物多，有利于提高蔬菜的产量和品质。

按照日照长短反应的不同，可将蔬菜作物分为以下三类。

1. 长光性蔬菜（长日照蔬菜）

在较长的光照条件（一般为日照 12 ~ 14 h 以上）下才能开花，而在较短的日照下，不开花或延迟开花，如白菜、甘蓝、芥菜、萝卜、胡萝卜、芹菜、菠菜、大葱、大蒜等一、二年生蔬菜作物。其在露地自然栽培条件下多于春季长日照下抽薹开花。

2. 短光性蔬菜（短日照蔬菜）

在较短的光照条件（一般为日照 12 ~ 14 h 以下）下才能开花结果。而在较长的光照下，不开花或延迟开花。如菜豆、豇豆、茼蒿、扁豆、蕹菜等。它们大多在秋季短日照下开花结实。

3. 中光性蔬菜

一些蔬菜作物对每天光照时数要求不严，在长短不同的日照环境中均能正常孕蕾开花。如西红柿、茄子、辣椒、黄瓜、菜豆等只要温度适宜，一年四季均可开花结实。在北方地区，秋季利用高效节能日光温室，按照其对光照长短要求不同的特性，给予增温、保温，成功地栽培了果菜类，实现了周年生产、均衡供应的目的。

一般早熟品种对日照时数要求不严，南方地区的品种要求较短的日照，而北方地区的品种则要求较长的日照。

（三）光质

光质即光的组成，是指具有不同波长的太阳光谱成分，其中波长为 380 ~ 760 nm 的光（即红、橙、黄、绿、蓝、紫）是太阳辐射光谱中具有生理活性的波段，称为光合有效辐射。而在此范围内的光对植物生长发育的作用也不尽相同。植物吸收最多的是红光，其次为黄光，蓝紫光的同化效率仅为红光的 14%。一般长光波对促进细胞的伸长生长有效，短光波则抑制细胞过分伸长生长。露地栽培蔬菜处于完全光谱条件下，植株生长比较协调。设施栽培蔬菜，由于中、短光波透过量较少，容易发生徒长现象。一年四季光的组成变化明显，会使同一种蔬菜在不同生产季节的产量和品质不同。

三、湿　度

湿度包括土壤湿度和空气湿度两部分。

（一）土壤湿度

1. 对土壤湿度的要求

根据蔬菜对土壤湿度的需求程度不同，一般分为以下五种类型。

（1）水生蔬菜　包括茭白、慈姑、藕、菱角等。植株的蒸腾作用旺盛，耗水很多，但根系不发达，根毛退化，吸收能力很弱，只能生活在水中或沼泽地带。

（2）湿润性蔬菜　包括黄瓜、大白菜和大多数绿叶菜类等。植株叶面积大，组织柔软。消耗水分多，但根系入土不深，吸收能力弱，要求较高的土壤湿度。主要生长阶段宜勤灌溉，保持土壤湿润。

（3）半湿润性蔬菜　主要是葱蒜类蔬菜。植株的叶面积较小，并且叶面有蜡粉，蒸腾耗水量小，但根系不发达，入土浅并且根毛较少，吸水能力较弱。该类蔬菜不耐干旱，也怕过湿，对土壤湿度的要求比较严格，主要生长阶段要求经常保持地面湿润。

（4）半耐旱性蔬菜　包括茄果类、根菜类、豆类等。植株的叶面积相对较小，并且组织较硬，叶面常有茸毛保护，耗水量不大。根系发达，入土深，吸收能力强，对土壤的透气性要求也较高。该类蔬菜在半干半湿的地块上生长较好，不耐高湿，主要栽培期间应定期浇水，经常保持土壤半湿润状态。

（5）耐旱性蔬菜　包括西瓜、甜瓜、南瓜、胡萝卜等。叶上有裂刻及茸毛，能减少水分的蒸腾，耗水较少。有强大的根系，能吸收土壤深层的水分，抗旱能力强，对土壤的透气性要求比较严格，耐湿性差。主要栽培期间应适量浇水，防止水涝。

2. 蔬菜不同生育时期对水分的要求

（1）发芽期　对土壤湿度要求比较严格，以利于胚根伸出。湿度不足容易发生落干，湿度过大则容易发生烂种。适宜的土壤湿度为地面半干半湿至湿润。

（2）幼苗期　幼苗期因根系弱小，在土壤中分布较浅，抗旱力较弱，需经常保持土壤湿润。但水分过多，幼苗长势过旺，易形成徒长苗。生产上蔬菜作物育苗常适当蹲苗，以控制土壤水分，促进根系下扎，增强幼苗的抗逆能力。但若蹲苗过度，控水过严，易形成"小老苗"，即使定植后其他条件正常，也很难恢复正常生长。

（3）营养生长旺盛期　大多数蔬菜作物旺盛生长期均需要充足的水分。此时，若水分不足，叶片及叶柄皱缩下垂，植株呈萎蔫现象。暂时的萎蔫可通过栽培措施补救。但在养分贮藏器官形成前，水分却不宜过多，防止茎、叶徒长。进入产品器官生长盛期以后，应勤浇、多浇，经常保持地面湿润，促进产品器官生长。

（4）开花结果期　开花期对水分要求严格，水分过多或过少都会导致授粉不良，引起落花落蕾。结果盛期的需水量加大，为果菜类一生中需水最多的时期，应经常保持地面湿润。

各种蔬菜作物在生育期中对水分的需要分别有关键时期和非关键时期，非关键时期是节水栽培或旱作的适宜时期。

（二）空气湿度

不同蔬菜由于叶面积大小以及叶片的蒸腾能力不同，对空气湿度的要求也不相同。大体上分为以下四类。

1. 潮湿性蔬菜

潮湿性蔬菜主要包括水生蔬菜以及嫩茎、嫩叶为产品的绿叶菜类。其组织幼嫩，不耐干燥。适宜的空气相对湿度为85%～90%。

2. 喜湿性蔬菜

喜湿性蔬菜主要包括白菜类、茎菜类、根菜类（胡萝卜除外）、蚕豆、豌豆、黄瓜等。其茎叶粗硬，有一定的耐干燥能力，在中等以上空气湿度的环境中生长较好。适宜的空气相对湿度为70%～80%。

3. 喜干燥性蔬菜

喜干燥性蔬菜主要包括茄果类、豆类（蚕豆、豌豆除外）等。其单叶面积小，叶面上有鲜毛或厚角质等，较耐干燥，中等空气湿度环境有利于栽培生产。适宜的空气相对湿度为 55% ~ 65%。

4. 耐干燥性蔬菜

耐干燥性蔬菜主要包括甜瓜、西瓜、南瓜、胡萝卜以及葱蒜类等。其叶片深裂或呈管状，表面布满厚厚的蜡粉或茸毛，失水少，极耐干燥，不耐潮湿。在空气相对湿度 45% ~ 55% 的环境中生长良好。

四、土壤营养条件

（一）对土壤的要求

土壤是蔬菜生长发育的基础，也是蔬菜栽培获得丰产、优质、高效的根本性条件。大部分蔬菜对土壤的总体要求是："厚"，即熟土层深厚。"肥"，即养分充足、完全。"松"，即土壤松软、通气。"温"，即温度稳定，冬吸夏流。"润"，即保水条件好，不旱不涝。具体要求如下：

1. 土层和耕层深度

土层和耕层深厚，一般要求土层在 1 m 以上、耕层在 25 cm 以上，为蔬菜根系生长提供足够的空间。

2. 土壤物理性质

壤土土质松细适中、结构好，保水保肥能力较强，含有效养分多，适于绝大部分蔬菜生长。沙壤土土质疏松，通气排水好，不易板结、开裂，耕作方便，地温上升快，适于栽培吸收力强的耐旱性蔬菜，如南瓜、西瓜、甜瓜等。黏壤土的土质细密、保水保肥力强，养分含量高，但排水不良、土表易板结开裂、耕作不方便、地温上升慢，适于晚熟栽培及水生蔬菜栽培。

3. 土壤溶液浓度

一般要求土壤非盐碱地且无严重的次生盐渍化。不同蔬菜对土壤溶液浓度的适应性有所不同。适应性强的有瓜类（除黄瓜）、菠菜、甘蓝类，在 0.25% ~ 0.3% 的盐碱土中生长良好。适应性中等的有葱蒜类（除大葱）、小白菜、芹菜、芥菜等，能耐 0.2% ~ 0.25% 的盐碱度。适应性弱的有茄果类、豆类（除蚕豆、菜豆）、大白菜、萝卜、黄瓜等，能耐 0.1% ~ 0.2% 的盐碱度。适应性最弱的如菜豆，只能在 0.1% 盐碱度以下的土壤中生长。注意苗期不能用浓度太高的肥料，配制营养土时，要注意选用富含有机质的土壤。

4. 土壤酸碱度

大多数蔬菜在中性至弱酸性的条件下生长良好（pH 值 6 ~ 6.8），不同蔬菜种类也有所不同，韭菜、菠菜、菜豆、黄瓜、花椰菜等要求中性土壤，西红柿、南瓜、萝卜、胡萝卜等能在弱酸性土壤中生长，茄子、甘蓝、芹菜等较能耐盐碱性土壤。

5. 土壤肥力

蔬菜需肥量较大，要求土壤肥力要高，水、肥、气、热等因素协调且均匀供给，富含有机质，具有良好的团粒结构，松紧度适宜，保肥保水力强。

6. 地下水位及其他

地下水不能过高，必须在 1 m 以下。土壤中不含过多的重金属及其他有毒物质，病菌、虫卵和农药残留较轻。

（二）对土壤元素的要求

蔬菜一生中对各种土壤营养的需求量是不完全相同的。在三要素中，一般对钾的需求量最大，其次为氮，磷的需求量最小。

不同蔬菜种类、不同生育时期对营养元素的要求差异较大。叶菜类中的小型叶菜，如小白菜生长全期需氮最多。大型叶菜需氮量也多，但在生长盛期则需增施钾肥和磷肥，若氮素不足则植株矮小、组织粗硬，后期磷、钾不足则不易结球。根、茎菜类幼苗期需较多氮、适量磷和少量钾，而根、茎肥大时则需多量钾、适量磷和少量氮，若后期氮素过多，钾供给不足，则生长受阻，发育迟缓。果菜类幼苗期需氮相对较多，结果期要求氮、磷、钾充足，增施磷肥有利于花芽分化。

除氮、磷、钾外，一些蔬菜对其他土壤营养也有特殊的要求，如大白菜、芹菜、西红柿等对钙的需求量比较大。嫁接蔬菜对缺镁反应比较敏感，镁供应不足时容易发生叶枯病。芹菜、菜豆、花椰菜等对缺硼比较敏感，需硼较多。

（三）作物必需营养元素的生理功能及营养失调症

1. 氮（N）——生命元素

氮是植物体内许多重要有机化合物的组成成分，也是遗传物质的基础。一是氮是蛋白质的重要组分，是有机体不可缺少的元素；二是氮是核酸和核蛋白质的组分；三是氮是叶绿素（叶绿素 a、叶绿素 b）的组分元素；四是氮是许多酶的组分；五是氮是一些维生素的组分，生物碱和植物激素也都含有氮。

植物缺氮时，植株矮小，长势弱，分蘖或分枝减少；叶片发黄始于老叶，叶色失绿，叶片变黄无斑点，从下而上逐步扩展，严重时下部叶片枯黄脱落；根系细长且稀小，花果少而种子小，产量下降且早熟。植物供氮过量，则植株叶色浓绿，植株徒长，且贪青晚熟，易倒伏和病害侵袭；降低果蔬品质和耐贮存性（图 2-1）。

图 2-1　植物缺氮症状

2. 磷（P）——能量元素

与氮相同，磷是植物生长发育不可或缺的营养元素之一，其生理功能如下：一是磷是作物体内重要有机化合物（核酸、植素、磷脂、磷酸腺苷和多种酶等）的组分；二是磷能加强光合作用和碳水化合物的合成与转运；三是磷能参与氮素代谢、脂肪代谢；四是磷对植物的生长、分蘖、开花结果有重要作用；五是磷能提高作物抗逆性和适应能力。

植物缺磷时，植株生长发育迟缓、矮小、瘦弱，分蘖或分枝少；老叶先出现缺素症，叶色暗绿无光泽，呈现紫红色斑点或条纹，叶柄缘紫红易脱落；次生根系生长少，花果稀少，茎细小。植物供磷过量，会造成叶片肥厚而密集，繁殖器官过早发育，茎叶生长受抑制，产量降低，同时影响作物品质。另外，磷过量供给，能阻碍作物对硅的吸收（图 2-2）。

图 2-2　缺磷下部叶片呈紫色

3. 钾（K）——品质元素

在植物体内钾是以离子形态、水溶性盐类或吸附在原生质表面等方式存在，在植物体内移动性较大，其主要生理功能如下：一是钾是许多酶的活化剂，是植物代谢不可缺少的元素；二是钾是构成细胞渗透势的重要成分，调节气孔的开闭和水分运输；三是钾能增强光合作用产物的运输；四是钾能增强作物抗旱、抗寒及抗病虫的能力。

植物缺钾，老叶叶缘先发黄，焦枯似灼烧状；叶片上出现褐色斑点或斑块，叶脉仍保持绿色；根系少而短，易早衰（图 2-3）。

植物钾供应过量，由于钾离子不平衡，影响对其他阳离子尤其是钙、镁的吸收。

图 2-3 玉米缺钾叶焦枯似灼烧状

4. 钙（Ca）——表光元素

钙在植物体内的主要作用如下：一是钙是细胞壁的重要成分；二是钙是细胞分裂所必需的成分；三是钙可以调节介质的生理平衡。

植物缺钙时，顶芽、侧芽、根尖等分生组织易腐烂死亡；幼叶卷曲畸形，或从叶缘变黄死亡，果实发育不良，蔬菜作物易发生腐烂病，如西红柿、辣椒产生脐腐病（图 2-4）；大白菜、甘蓝等干烧心、干边、内部顶烧症（图 2-5）；果树如苹果易产生苦痘病。

 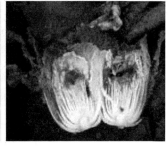

图2-4　西红柿缺钙脐腐病　　图2-5　大白菜缺钙干烧心

5. 镁（Mg）——光合元素

镁在植物体内的主要作用如下：一是镁是叶绿素的组成成分，镁是叶绿素分子中唯一的金属元素；二是镁是多种酶的活化剂。缺镁大部分发生在生育中后期，尤在果实成熟后多见。

植物缺镁时，中、下部叶肉褪绿黄化。双子叶植物褪绿表现：叶片全面褪绿，主侧脉及细脉均为绿色，形成网状花叶，或沿主脉两侧呈斑状褪绿，叶缘不褪，叶片形成似"肋骨"状黄斑；单子叶植物多表现为黄绿相间的条纹花叶，失绿部位还可能出现淡红色、紫红色或褐色斑点（图2-6）。

图2-6　黄瓜缺镁叶面黄化，叶脉仍为绿色

6. 硼（B）——生殖元素

硼在植物体内的主要作用如下：一是硼可以促进分生组织生长和核酸代

谢；二是硼与碳水化合物运输和代谢有关；三是硼与生殖器官的建成和发育有关，还影响花粉粒的数量和活力。

植物缺硼时，症状先出现在幼嫩部位，具体表现为茎尖生长点受抑，甚至枯萎、死亡；老叶增厚变脆，新叶皱缩、卷曲失绿，叶柄短粗；根尖伸长停止，呈褐色，根茎以下膨大；花蕾脱落，花少而小，花粉粒畸形，生命力弱，结实率低。典型的缺硼症状，甜菜褐心症、萝卜黑心病、油菜花而不实症、棉花蕾而不花症、芹菜折茎病、苹果缩果病等（图2-7）。

图 2-7　玉米缺硼——穗而不实

植株硼害一般是下部叶尖或叶缘褪绿，而后出现黄褐色斑块，甚至焦枯。双子叶植物叶片边缘焦枯如镶金边；单子叶植物叶片枯萎早脱。一般桃树、葡萄、无花果、菜豆和黄瓜等对硼中毒敏感，施用硼肥不能过量。

（三）蔬菜施肥技术特点

蔬菜对矿质营养要求的特性表现在需肥量、吸肥能力、吸肥量、耐肥能力等指标上。其中需肥量是指蔬菜对土壤养分含量的要求，吸肥能力是指蔬菜对土壤养分的吸收能力，吸肥量是指蔬菜对土壤养分的吸收量，耐肥能力是指蔬菜对土壤养分含量过高的忍耐力，蔬菜的需肥与吸肥特点是指蔬菜对土壤养分吸收的特点。不同蔬菜对矿质营养要求的特性不一样，施肥技术特点也不一样（表2-5）。

表 2-5　不同蔬菜对矿质营养要求的特性及施肥技术特点

蔬菜种类	需肥量	吸肥能力	耐肥能力	施肥技术特点
茄子甘蓝类	大	强	强	可以大量施肥
黄瓜	大	弱	弱	需少施勤施
豆类	小	弱	弱	不宜多施肥
南瓜	小	强	强	可施肥或不施肥，也可多施培养地力
西红柿	大	强	中	宜经常适量施肥
大白菜	大	中	中	宜在施足底肥的基础下，依生育特点追肥
西芹	大	差	差	宜在施足底肥的基础下，多次追肥，并且以水调肥，防治缺素症发生

五、气　体

影响蔬菜作物生长发育的气体条件中，最主要的是 CO_2 和 O_2。此外，有些有毒气体如 SO_2、Cl_2、NH_3 等，对蔬菜生长发育存在不同程度的危害作用。

（一）CO_2

CO_2 是蔬菜作物进行光合作用的主要原料。一般而言，随着 CO_2 浓度的增加，光合作用加强，生长速度加快，产量增加。光合作用最适宜的 CO_2 的体积分数为 0.10%。但由于空气中的 CO_2 的体积分数只有 0.031%，远远不能满足光合作用的最大强度，因此，在温度、光照、水分条件适合、矿质营养充足时，适当补充 CO_2 是提高保护地蔬菜产量的一个有效措施。大田中微风可促进 CO_2 流动，增加蔬菜群体内的 CO_2 浓度，根系中过多的 CO_2 对蔬菜的生长发育反而会产生毒害作用。在土壤板结的情况下，CO_2 含量若长期高达 1% ~ 2%，会使蔬菜受害。

（二）O_2

O_2 是蔬菜作物进行呼吸作用的必备原料。很显然，其对蔬菜生长发育至关重要。蔬菜种子发芽、根系生长、茎叶生长等，无不需要 O_2 的供给，但土壤中 O_2 往住得不到满足。如土壤水分过多或土壤板结而缺 O_2，根系呼吸窒息，新根生长受阻，地上部萎蔫，使生长停止，因此，栽培上要及时中耕、松土，改善土壤中氧气状况。

（三）有毒气体

有毒气体主要有 SO_2、SO_3、Cl_2、NH_3、C_2H_4 等，在工矿企业附近含量较高。主要通过叶片气孔（也可通过根部）吸收到蔬菜植物体中，可以延缓或阻碍蔬菜作物生长发育、降低抗性，影响产量与品质。其危害程度取决于其浓度大小、作物本身表面的保护组织及气孔开闭的程度、细胞有无中和气体的能力和原生质的抵抗力等因素。一般在白天光照强、温度高、湿度大时较为严重。可以通过环境保护减少有毒气体的产生，采用正确的施肥方法以及施用生长抑制剂来提高蔬菜抗性，减轻或避免有害气体的危害。

1.SO_2 和 SO_3

主要由工厂的燃料燃烧所产生，保护地中明火加温也会放出 SO_2。当 SO_2 的体积分数达到 0.2×10^{-6} 时，几天后蔬菜植物就会受害，症状首先在气孔周围及叶缘出现，开始呈水渍状，然后叶绿素破坏，在叶脉间出现"斑点"。对 SO_2 比较敏感的蔬菜有茄子、西红柿、白菜、萝卜、菠菜等。SO_2 在空气中易氧化成 SO_3，当 SO_3 的体积分数达到 5 mL/m^3 时，几小时后就出现病斑。

2.Cl_2

主要来源于某些化工厂排放的废气。另外，乙烯树脂原料不纯所制成的塑料薄膜也会释放少量的 Cl_2。Cl_2 的毒性比 SO_2 高 2～4 倍。萝卜、白菜较为敏感，在体积分数为 0.1×10^{-6} 情况下接触 2 h 即出现症状。低于该值，时间延长，叶片也产生"黄化"症状。对 Cl_2 不敏感的蔬菜有甘蓝、豇豆等。

3.NH_3

在保护地蔬菜栽培中，大量使用有机肥、无机肥均会产生 NH_3，当 NH_3 的体积分数达到 40×10^{-6} 熏 1 h，就会对蔬菜植物产生伤害。尿素施后第 3～4 d，容易产生 NH_3 害，一般在施后盖土或灌水加以避免。黄瓜、西红柿、白菜、芥菜等较为敏感，而芋、花生等抗性较强。

第三节 土壤影响因素

一、土壤物理学性质

土壤的本质特征是土地的肥力，即土壤具有培育植物的能力。矿物、岩石形成风化物经成土作用发育成土壤后，除含有植物生长所需的矿物质营养元素外，还变得疏松多孔，具有通气透水、保水保肥性、结构性、可塑性，能提供植物生长发育所需的水、肥、气、热等生存条件。耕层土壤的物理性质不同，产生的作业阻力也不一样，会直接影响耕作机械的功率消耗。耕层土壤由固体、液体和气体组成。耕作土壤固相主要是矿物质和有机质。矿物质中包括各种大小不同的矿物质颗粒（砂粒、粉粒、黏粒等）；有机质则来源于农作物根茎等残留物、土壤中的动物、微生物残体及人工施用的有机肥等。土壤物理力学性质大多与土壤中的黏粒及有机质含量、含水量大小及外界环境的影响有关。

（一）土壤强度

土壤强度是某种土壤在特定条件下抵抗外力作用的能力，也可定义为土壤承受变形或应变的能力。因此，土壤强度可以用建立应力应变方程式，或以其屈服点应力来表示。

土壤强度既受限于土壤本身的特性，如质地和结构，又受限于环境条件，特别是土壤的含水量等。它的特性不仅关系到加工土壤时能耗的多少、质量的优劣，而且还关系到农机具行走装置的推进力以及各部件的摩擦磨损和整机的工作效率，对植物根系的生长发育也有直接影响。

应用土力学中的摩尔－库伦定律，建立了车辆的前进推力或附着力的模型。当车轮的接触面积和法向压力为定值时，车辆的最大推力或附着力取决于土壤的黏结力和内摩擦角，即同土壤强度成正比。

（二）土壤承载能力

土壤承载能力又称土壤坚实度或土壤圆锥指数。土壤承载能力是表征土壤抗破坏、压缩和摩擦阻力的综合指标，它是指在垂直载荷作用下，土壤不同深度的抗压能力。一般是把圆锥或圆柱测头垂直压入土层中，测得不同深度处土壤单位面积的压力。

土壤承载能力与下陷深度的数学模型被得到普遍的引用，对于某一特定的测盘或履带而言，土壤承载能力与下陷深度的关系是幂函数。

（三）土地的抗剪强度

耕耘机械工作部件对耕层土壤加工时，往往出现剪切破坏。在多数情况下，这种破坏接近二向受力破坏，其剪切强度是根据摩尔 – 库伦定律建立的数学表达式：

土壤抗剪强度 = 土壤黏结力 + 土壤的正应力 × 土壤的内摩擦角

（四）土壤黏附力

土壤黏附力又称黏着力或外附力，是指土壤与其他物体表面间的作用力，这种作用力可以是在土壤与物体间加压之后产生，也可以是不加压就存在。

二、土壤减黏脱土技术

土壤耕作是农业生产中最繁重的生产过程之一，由于土壤对耕作机具的黏附，使犁耕阻力增加 30%，为了克服土壤对耕作机具的黏附和摩擦，消耗的能量占耕地消耗总能量的 30% ~ 50% 或更多。据统计，如能将耕作时土壤黏附与摩擦损失减少 10%，我国每年用于耕作时的油耗便可减少 0.7 亿 L。

减黏脱土的技术和方法由国内外许多学者从不同角度提出，并试验研究了多种减黏脱土的技术和方法。

（一）充注气体或液体

此法是通过专设系统以一定压力和一定方向向土壤与触土部件的接触面连续注入气体或液体，使界面形成气垫或液层，避免土壤与工作装置的表面直接接触，减少黏附面积，并在减弱土壤黏附的同时，大大降低土壤与触土表面间的摩擦力。充注的气体主要是空气，有时也利用发动机的废气。充注的液体除水外，还有油性润滑剂、聚合物水溶液等。有的还同时充注气体和液体形成空气 – 乳状液润滑剂。

该法已在机耕犁和铲装机械上得到应用。

（二）振动法

在垂直于触土部件黏附界面方向施加振动，可使界面不断受到垂直界面的正反两方向力的反复作用。这样，一方面将减轻土壤对工作装置表面的压实，减少接触面积；另一方面可使接触面出现有利于土壤滑动的水分和空气，因此不用外界注水充气，黏附界面也能进行气液润滑。振动法必须专设振动装置和隔振装置。

（三）电渗法

增加土壤与触土部件表面间的水膜厚度，土壤黏附力将会大大降低。电渗法就是增厚这层水膜的有效方法。土壤黏粒表面存在双电层，土壤水中存在阳离子，而触土部件又多是良好的电极。因此采用电渗法，对界面黏附系统施加一定的电场，迫使土壤水迁移到界面，从而增加水膜厚度，降低水分张力，达到减黏脱土的效果。

研究表明，对于与土壤有一定静接触时间的触土部件，电渗法的应用将有可望前景。

（四）表面改性

土壤对触土部件工作面的黏附，主要是界面现象，只要能改变固体材料表面几个分子层材料的性质，则可有效地改变触土部件的脱土性能。研究表明，影响材料表面脱土性的重要因素之一是表面增水性，增水性强的材料，对土壤黏附较小。

为了减少犁耕阻力，许多学者对犁体曲面进行了改性研究。如在犁体工作表面上涂一层熟石膏；用石蜡或亚麻仁油处理犁体曲面；用陶瓷或聚四氟乙烯覆盖在犁壁上，均发现脱土性能比钢、铁、铝材料好。

（五）表面改形

改形即改变触土部件的宏观或微观的形状，通过减少与土壤的实际接触面积，使界面水膜不连续或造成应力集中来减少黏附。如栅条犁壁、山西阳城疙瘩犁、国外开发的不黏锹等，都是利用表面改形来降低黏附阻力。表面改形结构简单，使用方便，无需增加动力，是一种较好的减黏脱土方法。

（六）仿生法

土壤中的动物，尤其生活在黏性土壤中的动物，经过亿万年的进化优化，在形态体表等多方面具有减黏脱土的特殊功能，因此，从仿生学角度研究土壤动物的防黏机理和脱附规律，将是寻找机械触土部件减黏脱土的有效途径，有望使减黏脱附机理研究和技术开发取得实质性的突破。

三、土壤改良方法

菜园土壤改良的目的在于，使耕作层深，结构良好，有机质含量多，保水保肥能力强，给蔬菜创造最大的优良营养条件，以适应蔬菜生产发展的要求。下面介绍几种主要的土壤改良方法。

（一）各种土质的改良方法

1.沙质土壤改良

沙质土壤的主要缺点是土质过分疏松、有机质缺乏、保水保肥能力差、增温快、降温也快、水分易蒸发。这类土壤在我国各省均有，改良措施主要有以下几种：

一是大量施用有机肥料，既提高土壤有机质含量，还能改善土壤结构，是改良沙质土壤最有效的办法。一般南方地区在土壤翻耕后，将各种腐熟的厩肥、堆肥或饼肥等有机肥施入土壤中，结合整地做畦，使土肥融合。由于有机质的缓冲作用，可适当多施可溶性化学肥料，尤其是铵态氮肥和磷肥，能够保存在土壤中不致流失。

二是大量施用河泥、塘泥，也可改变沙土土质过分疏松，提高其保水保肥能力，如果每年能亩施河泥 5 ~ 10 t，几年后土壤肥力必然能大幅度提高。

三是在两季蔬菜作物间隔期间或休闲季节种植豆科绿肥，适时翻压土中，或与豆类蔬菜多次轮作，可在一定程度上增加土壤中的腐殖质和氨素肥料，此外，如果沙层不厚，也可采取深翻的方法，将底层的黏土与沙掺和。

2.瘠薄黏重土壤改良

瘠薄黏重土壤的主要缺点是耕作层很浅，缺乏有机质，黏性较大，通透性极差，昼夜温差小，湿时软如海绵，干时硬如石子，保水保肥能力差，易板结，不易耕作，宜耕期短。改良瘠薄黏重土壤的方法如下：

一是增施有机肥料。施入的有机肥料易于形成腐殖质，从而促进团粒结构的形成，改善土壤结构及宜耕性，一般每年每亩施有机肥 15 ~ 20 t，连续 3 ~ 4 年即可形成良好的菜田。

二是利用根系较深或耐瘠薄土壤的作物如玉米等与蔬菜轮作、间作、套作，将秸秆还田，可逐渐改良土壤。

三是掺沙降低黏性。有条件的情况下，每亩地施入河沙土 20 ～ 30 t，连续两年，配合有机肥料施用，可使土壤得到改良。

3. 老菜园土改良

老菜园土经过长期的精耕细作和培肥，一般具有很好的物理结构和较高的肥力，其主要不足在于多年种植蔬菜，因土老化，肥力降低，病虫害逐年严重，单位面积的经济效益下降。老菜园土可采取以下措施加以改良：

一是增施有机肥料。常年施用化肥使土壤板结，丧失保肥和供肥能力，改良老菜园土壤要多施有机肥，增加腐殖质，使耕作层里水、肥、气、热、菌等因素得到协调统一，为菜苗根系、茎叶生长创造一个温度、湿度适宜和肥料齐全的优良环境。

二是合理选用化肥，定向进行菜园地酸碱性改良。酸性土应选用石灰（每亩施 30 ～ 40 kg）或草木灰（每亩施 40 ～ 50 kg）进行改良，选用碳酸氢铵、氨水、钙镁磷肥、磷矿石粉等碱性化肥。碱性土壤则选用硫酸铵、硝酸铵、氯化铵、过磷酸钙、磷酸二氢钾、氯化钾、硫酸钾等酸性化肥定向改良。尿素为中性肥料。

三是轮作换茬。大多数蔬菜如年年重茬连作，不但产量低、品质差，而且病虫害也越来越严重，因此，老菜园地要实行轮作换茬，以改良土壤和避免土壤缺素症发生，减少病虫害发生和土壤中有害物质的积累。

四是及时排灌、保持水土。菜园周围的沟渠一定要畅通配套，便于排灌，降低地下水位，有利于根系的良好生长；采用地膜覆盖能防止水土流失，培养土壤后劲。

4. 低洼盐碱土壤改良

我国华北、东北、西北地区多有盐碱土，沿海地区则因海水浸渍形成滨海盐碱土。低洼盐碱土壤的主要不足是易于积水，盐分含量高，其 pH 值在 8.0 以上，妨碍蔬菜的正常生长。盐碱土形成的根本原因在于水分状况不良，所以在改良初期，重点应放在改善土壤的水分状况，一般分几步进行，首先排盐、洗盐、降低土壤盐分含量，再种植耐盐碱的植物、培肥土壤，最后种植蔬菜，具体改良措施如下：

一是结合深耕大量施入有机肥料，促进有机质含量的提高，有机肥料转化成的腐殖质能促使表土形成团粒结构，起到压盐作用。

二是铺沙盖草，实行密植，减少地面蒸发，防止盐分上升。雨后或灌水后及时中耕，切断土壤毛细管，也可防止盐分上升。

三是与大田作物轮作，或连年种植甘蓝、球茎甘蓝、莴苣、菠菜、南瓜、芥菜、大葱等耐盐作物。

另外，为使菜园土壤能抵抗较大的旱涝灾害，除了对耕作层进行改良外，还应注意下层土的有效利用，使蔬菜根系下扎，多雨时渗水快，干旱时根系可从下层吸收更多土壤水分。

（二）黏质土壤改良步骤

第一步：机械深翻、炕土，将表土打细。

第二步：施 Agri-sc 免深耕土壤调理剂或松土调节剂、钙镁型土壤调理剂。

免深耕土壤调理剂使用方法：在土壤湿润情况下（或在雨前或雨后 6 h 内）兑水直接喷施于地表，[200 mL+100 kg（水）] / 亩，第一年使用 2 次，以后每年使用一次。

松土调节剂使用方法：基施 200 ~ 400 g/ 亩，追施（冲施）[200 g+200 kg（水）]/ 亩。

钙镁型土壤调理剂使用方法：钙镁型土壤调理剂 10 kg/ 亩作为底肥施入，磷酸二氢钾、硝酸钾、硫酸钾等磷钾肥作为追肥。

第三步：施有机肥，或者牛粪 + 菌渣共同发酵后，作底肥施入，每亩施入量 1 000 kg。

四、土壤消毒方法

土壤消毒是一种高效快速杀灭土壤中真菌、细菌、线虫、杂草、土传病毒、地下害虫的技术，可有效解决蔬菜栽培的重茬问题，降低病虫害的发生，显著提高蔬菜产量和品质。一般在蔬菜播种或定植前进行，可利用化学药剂、干热、蒸汽等进行土壤消毒。

（一）化学药剂消毒

使用土壤消毒剂进行土壤消毒，土壤消毒剂应选用低毒广谱性杀菌杀虫剂，如多菌灵、甲醛、溴甲烷、氰氨化钙、棉隆（必速灭）等，在整地做畦前后将药剂施入土壤。主要施药方法如下：

1. 喷淋或浇灌法

将药剂用清水稀释成一定浓度，用喷雾器喷淋于土壤表层，或直接灌溉到土壤中，使药液渗入土壤深层，杀死土中病菌。喷淋施药处理土壤适宜于大田、育苗营养土等，浇灌法施药适用于瓜类、茄果类蔬菜的灌溉和各种蔬菜苗床消毒。

2. 毒土法

先将药剂配成毒土，然后施用。毒土的配制方法是将农药（乳油、可湿性粉剂）与具有一定程度的细土按比例混匀制成。毒土的施用方法有沟施、穴施和撒施。

3. 熏蒸法

利用土壤注射器或土壤消毒机将熏蒸剂注入土壤中，于土壤表面盖上薄膜等覆盖物，使其在密闭或半密闭的设施中扩散，杀死病菌。土壤熏蒸后，待药剂充分散发后才能播种或定植，否则易产生药害。常用的土壤熏蒸消毒剂有溴甲烷、甲醛等，目前也有利用植物提取物辣根素或臭氧进行消毒，更具环境安全性，但其需要专门的设备及一定的操作技术，且应在专业技术人员指导下进行。

（二）太阳能高温消毒

适宜在冬春茬设施蔬菜拉秧后至秋茬设施蔬菜种植前的夏季休闲期应用。在棚室或田间前茬作物采收后，连根拔除田间老株，多施有机肥料，然后把地翻平整好，在 7 ~ 8 月份，气温达 35 ℃以上时，用透明吸热薄膜覆盖好，使土温升至 50 ~ 60 ℃，密闭 15 ~ 20 d，可杀死土壤中的各种病菌。

（三）蒸汽热消毒

蒸汽热消毒土壤，是用蒸汽锅炉加热，通过导管把蒸汽送到土壤中，使土壤温度升高，杀死病原菌，以达到防治土传病害的目的。这种消毒方法要求设备比较复杂，只适合经济价值较高的作物，并在苗床上小面积施用，一般设施育苗前常采用。

注意事项：采用上述方法消毒后的土壤是一个洁净又很脆弱的环境，应注意增施优质有机肥或生物菌肥，使土壤尽快建立良好的微生物环境，用消毒剂熏蒸过的棚室，在施用菌肥前应先敞棚透气 10 d 以上。

第三章　种子处理

第一节　种子处理农艺技术

一、蔬菜种子及其质量检验

优质的种子是培育壮苗获得高产的关键。广义的蔬菜种子，泛指一切可用于繁殖的播种材料，包括植物学上的种子、果实、营养器官以及菌丝体（食用菌类）；此外还有一类人工种子，目前还未普遍应用。

狭义的蔬菜种子则专指植物学上的种子，在蔬菜栽培上应用的所谓种子的含义较广，概括地说，凡是在栽培上用做播种材料的任何器官、组织等，都可称为种子，主要包括以下四类：植物学上的真正种子，如豆类、瓜类等；果实，如菠菜、芹菜等；营养器官，如马铃薯块茎、藕等；菌丝体，如磨菇等。在生产上应用较多的蔬菜种子主要是植物学上的种子和果实。不同蔬菜种子的形态与结构差异较大。

（一）种子的形态

种子的形态主要包括种子的外形、大小、色泽，表面的光洁度、沟、核、毛刺、网纹、蜡质、突起物等，是鉴别蔬菜种类、判断种子质量的主要依据。

各种蔬菜作物种子形态千差万别，如茄果类的种子都是肾形，茄子种皮光洁，辣椒种皮粗糙，西红柿种皮覆盖银色毛刺；甘蓝和白菜种子形状、大小、色泽相近，但甘蓝种子球面具双沟，与具单沟的白菜种子相区别。成熟种子色泽较深，具蜡质；幼嫩种子色泽浅，皱瘪；新种子色泽鲜艳光洁，具香味；陈种子则色泽灰暗，有霉味。

不同种类的蔬菜种子大小相差悬殊，如菜豆的种子平均千粒重为 40 g 左右，而芥菜种子的平均千粒重仅 0.6 g 左右，一般来说，豆类、瓜类蔬菜的种子较大，绿叶蔬菜的种子相对较小。

（二）蔬菜种子质量检验

种子质量包括品种品质和播种品质两方面，品种品质主要指种子的真实性和纯度；播种品质主要指种子饱满度和发芽特性，种子质量的优劣最后表现在播种后的出苗速度、整齐度、秧苗纯度和健壮度等方面，应在播种前确定。主要鉴定内容有纯度、饱满度、发芽率、发芽势、生活力。

1. 纯度

纯度指样本中属于本品种种子的质量百分数，其他品种或种类的种子、泥沙、花器残体及其他残屑等都属杂质，种子纯度的计算公式是：

种子纯度 =[供试样品总重 –（杂种子重 + 杂质重）]/ 供试样品总重 ×100%

蔬菜种子的纯度要求达到 98% 以上。

2. 饱满度

饱满度通常用千粒重 [即 1 000 粒种子的重量，用克（g）表示] 度量蔬菜种子的饱满程度，同一品种的种子，千粒重越大，种子越饱满充实，播种质量越高。

3. 发芽率

发芽率指在规定的实验条件下，样本种子中发芽种子的百分数，计算公式如下；

种子发芽率 = 发芽种子粒数 / 供试种子粒数 ×100%

测定发芽率通常在垫纸的培养皿中进行，也可在沙盘或苗钵中进行。蔬菜种子的发芽率分甲、乙二级，甲级蔬菜种子的发芽率应达到 90% ～ 98%，乙级蔬菜种子的发芽率应达到 85% 左右。

4. 发芽势

发芽势指种子的发芽速度和发芽整齐度，表示种子生活力的强弱程度。用规定天数内的种子发芽百分率来表示，如豆类、瓜类、白菜类、莴苣、根菜类为 3 ～ 4 d；韭、葱、菠菜、胡萝卜、茄果类、芹菜等为 6 ～ 7 d。计算公式为：

种子发芽势 = 规定天数内的发芽种子粒数 / 供试种子粒数 ×100%

5. 生活力

生活力指种子发芽的潜在能力，可用化学试剂染色来测定。常用的化学试剂染色法如四唑染色法（TTC 或 TZ）、靛红（靛蓝洋红）染色法，也可用红墨水染色法等。有生活力的种子经四唑盐类染色后呈红色，死种子则无这种反应；靛红、红墨水等苯胺染料不能渗入活细胞内而不染色，可根据染色有无及染色深浅判断种子生活力的有无或生活力强弱。

（二）播前处理

蔬菜种子播前处理可以促进出苗，保证出苗整齐，增强幼苗抗性，达到培育壮苗及增产的目的。

1. 浸种

浸种就是在适宜水温和充足水量条件下，促使种子在短时间内吸足从种子萌动到出苗所需的全部水量。有时候浸种还能在一定程度上起到消毒灭菌的作用。浸种的水温和浸泡时间是重要条件，根据浸泡的水温不同，可将浸种分为一般浸种、温汤浸种和热水烫种三种方法。

（1）一般浸种也叫温水浸种，用温度与种子发芽适温相同的水浸泡种子，一般为 25 ~ 30 ℃，只对种子起供水作用，无种子灭菌作用，适用于皮薄、吸水快的种子。

（2）温汤浸种先用 55 ~ 60 ℃的温汤浸泡种子 10 ~ 15 min，期间不断搅拌，之后加入凉水，降低温度转入一般浸种。由于 55 ℃是大多数病菌的致死温度，10 min 是在致死温度下的致死时间，因此，温汤浸种对种子具有灭菌作用，同时还有增加种皮透性和加速种子吸胀的作用。

（3）热水烫种将种子投入 70 ~ 75 ℃或更烫的热水中，快速烫种（70 ~ 75 ℃为 1 ~ 2 min，100 ℃为 3 ~ 5 s），之后加入凉水，降低温度至 55 ℃进行温汤浸种 7 ~ 8 min，再进行一般浸种。该浸种法通过热水烫种，促进种子吸水效果比较明显，适用于种皮厚、吸水困难的种子，同时种子消毒作用显著。

生产中应根据种子特性选用浸种方法。另外，为提高浸种效率，也可对某些种子进行处理，如对种皮坚硬而厚的西瓜、丝瓜、苦瓜等种子进行胚端破壳；对附着黏质过多的茄子等种子进行搓洗、清洗等。

浸种时应注意以下几点：第一，种子应淘洗干净，除去果肉物质后再浸种；第二，浸种过程中要勤换水，一般每 5 ~ 8 h 换一次水为宜；第三，浸种水量要适宜，以种子量的 5 ~ 6 倍为宜；第四，浸种时间要适宜（表3-1）。

表 3-1　主要蔬菜浸种、催芽的适宜水温与时间统计表

蔬菜种类	浸种		催芽	
	水温（℃）	时间（h）	温度（℃）	天数（d）
黄瓜	25 ~ 30	4 ~ 6	25 ~ 30	1.5 ~ 2
西葫瓜	25 ~ 30	6	25 ~ 30	6 ~ 8
冬瓜	25 ~ 30	24	28 ~ 30	6 ~ 8
丝瓜	25 ~ 30	24	25 ~ 30	4 ~ 5
苦瓜	25 ~ 30	24	30	6 ~ 8
辣椒	25 ~ 30	12 ~ 24	25 ~ 30	5 ~ 6
茄子	30	24 ~ 36	30	6 ~ 7
西红柿	25 ~ 30	6 ~ 8	25 ~ 27	2 ~ 4
甘蓝	20	2 ~ 4	18 ~ 20	1.5
白菜	20	2 ~ 4	20	1.5
花椰菜	20	3 ~ 4	18 ~ 20	1.5
芹菜	20	24	20 ~ 22	2 ~ 3
菠菜	20	24	15 ~ 20	2 ~ 3
菜豆	25 ~ 30	2 ~ 4	20 ~ 25	2 ~ 3

2. 催芽

催芽是将浸泡过的种子放在黑暗的弱光环境里，并给予适宜的温度、湿度和氧气条件，促其迅速发芽。催芽是以浸种为基础，但浸种后也可以不催芽而直接播种。催芽一般方法为：先将浸种后的种子甩去多余水分，包裹于多层潮湿纱布、麻袋片或毛巾中，然后在适宜的恒温条件下催芽，当大部分种子露白时，停止催芽。催芽期间，一般每 4 ~ 5 h 松动包内种子一次，每天用清水淘洗 1 ~ 2 次。

催芽后若遇恶劣天气不能及时播种，应将种子放在 5 ~ 10 ℃低温环境下，保湿待播。有加温温室、催芽室及电热温床设施设备条件的应充分利用这些设备进行催芽，但在炎热夏季，有些耐寒性蔬菜如芹菜等催芽时需放到

温度较低的地方。

3. 种子的物理处理

物理处理的主要作用是提高种子的发芽势及出苗率、增强抗逆性，从而达到增产的目的。

（1）变温处理　变温处理或称"变温锻炼"，即种子在破嘴时给予 1 ~ 2 d 以上 0 ℃以下的低温锻炼，可提高种胚的耐寒性，增加产量。把萌动的种子先放到 –1 ~ 5 ℃处理 12 ~ 18 h（喜温性蔬菜应取高限），再放到 18 ~ 22 ℃处理 6 ~ 12 h，如此经过 1 ~ 10 d 或更长时间。锻炼过程中种子要保持湿润，变温要缓慢，避免温度骤变。锻炼天数，黄瓜为 1 ~ 4 d，茄果类、喜凉菜类为 1 ~ 10 d。

（2）干热处理　一些瓜类茄果等喜温蔬菜种子未达到完全成熟时，经过暖晒处理，可促进后熟、增加种皮透性、促进萌发和进行种子消毒，如西红柿种子经短时间干热处理，可提高发芽率 12%；黄瓜、西瓜和甜瓜种子经 4 h（间隔 1 h）50 ~ 60 ℃干热处理，有明显的增产作用；黄瓜种子干热处理（70 ℃，3 d）后对黑星病及角斑病的消毒效果良好。

（3）低温处理　某些耐寒或半耐寒蔬菜在炎热的夏季播种时，可于播前进行低温处理，解决出芽不齐问题。将浸种后的种子在冰箱内或其他低温条件下，冷冻数小时或 10 余小时后，再放置于冷凉处（如地窖、水井内）催芽，使其发芽整齐一致。

（4）化学处理　利用化学药剂处理种子有打破休眠、促进发芽、增强抗性及种子消毒等多方面作用。

打破休眠：应用发芽促进剂如 H_2O_2、硫脲、KNO_3、赤霉素等对打破种子休眠有效。如黄瓜种子用 0.3% ~ 1% 浓度 H_2O_2 浸泡 24 h，可显著提高刚采收种子的发芽率和发芽势；用 0.2% 硫脲能促进莴苣、萝卜、芸薹属、茼蒿等种子发芽；用 0.2% 浓度的 KNO_3 处理种子可促进发芽；赤霉素（GA_3）对茄子（100 mg/L）、芹菜（66 ~ 300 mg/L）、莴苣（20 mg/L）以及深休眠的紫苏（330 mg/L）均有效。

促进萌发出土：国内外均有报道，在较低温度下用 25% 或稍低浓度的聚乙二醇（PEG）处理甜椒、辣椒、茄子、冬瓜等出土萌发困难的蔬菜种子，可促进种子提前萌发出土，出土率提高。此外，用 0.02% ~ 0.1% 硼酸、钼酸铵、硫酸铜、硫酸锰等微量元素浸种，也有促进种子发芽及出土的作用。

种子消毒：用药剂拌种消毒，一般用药量为种子重量的 0.2% ~ 0.3%，常用杀菌剂有 70% 敌磺钠（敌克松）、50% 福美双、多菌灵、克菌丹等，杀虫剂有 90% 敌百虫粉剂等。拌种时药剂和种子均必须是干燥的，否则会引起药害和影响种子沾药的均匀度；拌过药粉的种子不宜浸种催芽，应直接播种，或贮藏起来待条件适宜时播种。

也可用药剂浸种消毒，浸种后催芽前，用一定浓度的药剂浸泡种子进行消毒，常用药剂有多菌灵、福尔马林、高锰酸钾、磷酸三钠等。应注意药液浓度与浸种时间，浸泡后用清水将种子上的残留药液清洗干净，再催芽或播种。如用 100 倍福尔马林（40% 甲醛）浸种 15 ~ 20 min，然后捞出种子密闭熏蒸 2 ~ 3 h，最后用清水冲洗；用 10% 磷酸三钠或 2% 氢氧化钠的水溶液浸种 15 min，捞出洗净，可钝化西红柿花叶病毒。

另外，采用种衣剂包衣技术处理种子，有促进发芽、防病、壮苗的效果，如有试验研制的药肥复合型种衣剂能有效地防治茄果类蔬菜苗期病害，同时对促进幼苗生长作用明显。

二、种子包衣技术

种子包衣技术是我国于 20 世纪 90 年代广泛推广的一项植物保护技术，它具有综合防治、低毒高效、省种省药、保护环境以及投入产出比高的特点。

种子包衣是采取机械或手工方法，按一定比例将含有杀虫剂、杀菌剂、复合肥料、微量元素、植物生长调节剂、缓释剂和成膜剂等多种成分的种衣剂均匀包覆在种子表面，形成一层光滑、牢固的药膜。随着种子的萌动、发芽、出苗和生长，包衣中的有效成分逐渐被植株根系吸收并传导到幼苗植株各部位，使种子及幼苗对种子带菌、土壤带菌及地下、地上害虫起到防治作用；药膜中的微肥可在种子萌发过程中发挥效力。种子包衣明显优于普通药剂拌种，主要表现在综合防治病虫害、药效期长（40 ~ 60 d）、药膜不易脱落、不产生药害等四个方面。因此，包衣种子苗期生长旺盛，叶色浓绿，根系发达，植株健壮，最终可实现增产增收的目的。

种子包衣方法主要有机械包衣法和人工包衣法两种，前者适宜于大的种子公司用包衣机进行包衣。虽然种衣剂低毒高效，但使用、操作不当也会造成环境污染或人员中毒事故，因此，尽量不要自行购药包衣，而应到种子公司或农技站购买采用机械方法包衣的良种。

包衣种子在存放和使用时要注意以下事项：

第一，存放、使用包衣种子的场所要远离粮食和食品，严禁儿童进入玩耍，更要防止畜禽误食包衣种子。

第二，严禁徒手接触种衣剂或包衣种子，在搬运包衣种子和播种时，严禁吸烟、吃东西或喝水。

第三，盛过包衣种子的口袋用后要及时烧掉，严防误装粮食和其他食物、饲料。

第四，盛过包衣种子的盆、篮等，必须用清水洗净后再做它用，严禁再盛食物。洗盆、篮的水严禁倒在河流、水塘、井池中，以防人、畜、禽、鱼中毒，可以将水倒在树根旁或田间。

第五，如发现接触种衣剂的人员出现面色苍白、呕吐、流涎、烦躁不安、口唇发紫、瞳孔缩小、抽搐、肌肉震颤等症状，即可视为种衣中毒，应立即脱离毒源，护送病人离开现场，用肥皂或清水清洗被种衣剂污染的部位，并请医生紧急救治。

第二节　种子机械化处理技术

一、种子处理基本内容

（一）种子清选分级

种子清选主要是排除混在种子中的异类物品，如各类杂质、杂草种子和其他作物种子。分级的目的是将已清选过的种子，按某种物理特性（如尺寸大小）的差异分成两级或多级，以满足不同的要求，如精密播种时便于选配穴盘和确定播量、便于按质定价等。

（二）种子处理

根据种子处理相对清选的顺序有前处理和后处理之分。

1. 种子前处理

主要是为清选作准备，比如有些种子的除芒、脱粒、去绒和刷茸毛等，这样可防止种子缠绕，改善流动性，还可提高清选分级时的质量和生产率。

2. 种子后处理

将清选分级后的好种子再行加工，进一步提高种子质量，如通过包衣和丸粒化，为种子的发芽和苗期生长创造更好的条件；对种子进行高低频电流处理，以及其他各种激光、射线、磁场、温度等的处理可促进种子酶的活动，提高发芽率；硬实豆科种子划皮处理可提高透气性和透水性，有助种子的发芽；烘干则视情况不同，在清选前、后均有应用。

种子加工中的清选分级不会改变种子颗粒的形态，更不会引起其内部特性变化，它仅仅把是不是播种材料，以及播种材料按质量好次加以区分。严格地说，清选分级不会改变种子物料的总体质量，若说清选后质量有提高，也仅仅是指选出的种子，相对于那些包含有杂质和伤病种子而言。种子处理就不同，它总会引起种子颗粒外部形态和内部状况的某些变化，有时还会面目全非。种子经处理后，会不同程度地提高发芽率和植株长势。包括清选分级和处理的种子加工是从机械角度提高种子质量，加速良种繁育和推广，增加农业产量和改善产品品质的重要措施。

二、种子清选原理和工艺

（一）风筛综合清选的原理和工艺

风选和筛选是最常用的两种清选方法，它们出自不同的分选原理，有很好的互补性。此外，他们还有良好的互促性。通过风选排除掉短茎秆和颖壳等，不仅剔除掉那些容易挂孔堵塞的物料，又将细小尘埃随风带走，种子物料沿筛面运动更流畅，提高了筛选的效果。筛子（或筛网）托住物料，使物料处于最稳定的状态，自下而上的气流能作用在物料的最大迎风面上，容易把该剔除的物料带走。因此，风选和筛选经常结合在一起应用，形成一类风筛式清选机。风筛式清选机在国内外都被广泛应用，我国为种子加工生产的这类机器就有 20 多种型号，小时生产率从数百千克到数吨，各机结构不同，原理相似。图 3-1 以简单的 5X-0.7 型风筛式种子清选机的工艺流程为例。

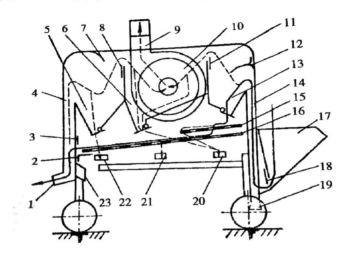

图 3-1　5X-0.7 型风筛式种子清选机

1. 排种口　2. 滑板　3. 控制板　4. 后吸风道　5. 后沉降室　6. 中沉降室　7. 后反射板　8. 后风量调节板　9. 出风口　10. 吸风机　11. 前风量调节板　12. 前反射板　13. 前沉降室　14. 前吸风道　15. 上筛　16. 下筛　17. 喂料斗　18. 喂入量调节阀门　19. 前进气口　20. 较重和较大杂质出口　21. 小杂出口　22. 瘪粒和虫蛀粒出口　23. 后进风口

当阀门 18 开到合适位置后，喂料斗 17 中种子物料按正常喂入流入前吸风道 14，其中较大的风速不仅把轻杂吸起，还能把种子上吸到机内，只有密度更大的细碎砂石随即经吸风道 14 的进气口 19 处落地清除掉。种子和轻杂一起沿吸风道 14 上冲到顶部，受气流截面扩大和反射板 12 的影响，种子落入前沉降室 13，并从其底部进入上筛 15，轻杂主要进入吸风机 10，从其出口 9 推出，其中较重的轻杂因气流截面扩大而落入中沉降室 6。

种子经上筛筛入下筛 16，其中的大杂质滑入大杂质出口 20，下筛将种子中的细小杂质筛下，经小杂质出口 21 排出，种子则进入后吸风道 4，气流分选的工艺过程与前吸风道雷同，只是从种子出口接到的是好种子，通过后沉降室排出的则是比一般轻杂稍重的瘪粒和虫蛀粒。

（二）窝眼选的原理和工艺

种子清选中，有时要清除混在小麦中的野燕麦，燕麦中的小麦和野豌豆以及脱壳米粒等，但这些要被分开的物品在宽度和重量上有较大重叠，难以充分区分，只好根据它们之间长度差异较大的特点采用筛选，在种子清选中基本都用窝眼筒清选机。它的主要工作部件是一个内壁冲压匀布窝眼的圆筒（图3-2）。

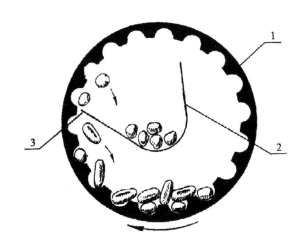

图3-2　窝眼筒工作图

1.筒身　2.短料槽　3.接料边端部

工作时，物料从一端喂入筒中，当筒身绕自轴旋转时，各窝眼能像勺子一样将落入其中的籽粒带起。籽粒越长，超出窝眼的部分越大，能越早地从窝眼内滑出去，重新回落到筒身底部的物料中。短籽粒可以进入窝眼内，并被带上去落入与筒身平行的短料槽中，然后在振动或螺旋输送器的推动下，排出机器。短籽粒被窝眼带走后，滞留在筒身中的较长籽粒，在后续来料的推动和筒身倾角的影响下，逐步移至桶身另一端排出。

若单纯只是去短杂或是去长杂，以及只是按物料长度不同分成两级时，采用单筒机即可，只需按物料的长短选定有相应窝眼孔径的筒身。如果要同时去掉长杂和短杂，或是要将物料按长度分成三级时，就应选定两种不同窝眼孔径的筒身。应该有95%的物料有待窝眼带入短料槽，其生产率比清除短杂时低得多，因此应配备较多的除长杂筒，这时就应用二筒式窝眼清选机，其中一个上筒去短杂，下面两个窝眼筒平行作业去长杂。

除物料条件外，窝眼筒的转速（一般 30 ~ 60r/min）、旋转方向、筒身的水平倾角、窝眼的类型等均对分选质量有影响，要根据来料条件（颗粒的大小、形状，长杂和短杂的含率等）选定合适窝眼尺寸（有时还要考虑类型）的筒身，安装后调好喂入量和转速，检查短料槽的短物料情况，以长物料不进入短料槽为度，若发现排出的长料中还有短料，如果不是喂入量过大，就是物料在窝眼筒内与窝眼接触几率过少，那就要调节延迟器，加大接触几率。实际操作中，最常用的方法是调节短料槽绕自轴的转角来改变其接料边端部的高度，令其位于长、短料下落的分界处。

（三）比重（密度、重力）选的原理和机具

实践证明，密度较大的种子一般都是质量较好的。此外，感染病的、成熟后遇雨发芽的以及贮藏时虫蚀带孔的种子，其外形尺寸和好种子基本无异，筛选和窝眼选都难以清除，只好借助比重（密度）选。

比重清选机的主要工作部件是一个双向倾斜的往复振动台面（在振动方向有台面与水平纵向夹角口，在与振动方向垂直面内有与水平面的横向夹角），并有气流自下而上穿过台面上密布的细孔（图 3-3）。

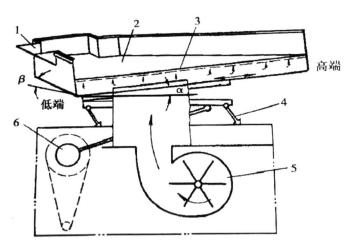

图 3-3　比重（密度）清选机示意图

1. 进料区　2. 工作台的网面　3. 排料边　4. 支撑杆　5. 风机　6. 曲柄连杆驱动装置　α. 纵向倾角
β. 横向倾角

种子物料以一定的厚度进入台面，在台面的振动和上升气流的联合作用下，颗粒之间产生上下有序层化的偏析，在种子外形尺寸相同的情况下，密度大的重籽粒沉到底部，密度小的轻籽粒浮向表层。底部籽粒被振动台面的摩擦力等推向台面高端，表层籽粒在上升气流和自身流动性的作用下逐步推向台面低端，其他籽粒依密度大小，自高端到低端顺序排列。因有 β 角的影响，所有籽粒在按照密度产生偏析和向高低两端运动的同时，又不断移向排料边，在顺排料边布置的各接斗中接到籽粒的密度各不相同，达到分选的目的。

完成此项作业的几个必要条件是：

台面上的物料应保持一定的厚度，以便于偏析成层，该厚度宜随种子颗粒的厚度而增减。

台面的驱动机构要提供一种能使与台面接触的物料向高端带动的工况。

有合适的上升气流穿过台面，当颗粒尺寸相近时，气流给所有籽粒近似的上浮力，进而扩大了密度不同籽粒间的沉力比，更宜于促使偏析，提高按密度分选的效率。上升气流还促进种子的松散度和流动性，使上层密度较小的籽粒更好地向低端流动，而所有按密度大小分开的籽粒都更快地流向排料边。

根据风机和工作台面相互排列顺序的不同，清选机有正压式（吹式）和负压式（吸式）之分，现在正压式用得较多。台面的材料、网目和编织情况对籽粒的运动有很大影响，许多比重清选机往往不止一种台面，以便根据不同种子选用。

除更换台面外，比重清选机的主要调节项目有喂入量、台面振动工况、台倾角以及气流参数等，但各调节参数间又有互补性，如改变台面纵向倾角在一定程度上可用调节气流速度来代替。总的原则是：加大振动则物料趋向台面高端，加大气流则物料趋向台面低端，任何方向倾角的加大，都加速物料向低端的流动。

（四）复式清选机的结构和工艺

把三种或更多分选原理的设备汇集在一起的机具称作复式种子清选机，因为多工序分选能获得较高质量的种子，故有时又称精选机。现以 5XF-1.3A 复式种子精选机为例进行介绍。

它是在一机上利用风选、筛选和窝眼选三种原理同时工作的，除一般风筛式清选机所具有的结构和功能外，还将其选出的种子送入机上的窝眼筒，进一步清除掉种子中的长杂质或短杂质。其工艺为：进入喂料斗 2 的种子物料被喂料胶辊 1 送入前吸风道 5，其中的重杂 A 随即从进气口落下，种子等被吸到风道顶部后就落在上筛 4 上，气流将尘埃等杂质 B 从风机出风口排出，比尘埃稍重的轻杂在前沉降室 9 降下，上筛 4 沿其表面排除大杂 C，下筛 3 经筛孔把小杂 D 排除，并将种子沿筛面送往其尾部的小筛网 12，种子中较轻的瘪粒、碎粒等轻杂和尘埃被向上穿过小筛网进入后吸风道 11 的气流分别带入后沉降室和出风口，与来自前吸风道的物料一起排出。从筛网出来的洁净好种子或经种子辅助出口 F 排出机外，或进入窝眼筒 13。经过排除短杂质或长杂质后获得优良的播种材料，当排短杂质时，它们从 C、H 口获得，当排长杂质时，便从短料槽出口获得。清除小麦等中等颗粒种子的短杂质时，一般均是配备窝眼尺寸 45.6 mm 的筒身，从 G、H 口获得播种材料。若除长杂质时，就应选较大窝眼尺寸的筒身。除窝眼筒身、短料槽转角、导板位置等窝眼筒部分之外，其他调节均如同风筛式清选机，均应按使用说明书的规定执行（图 3-4）。

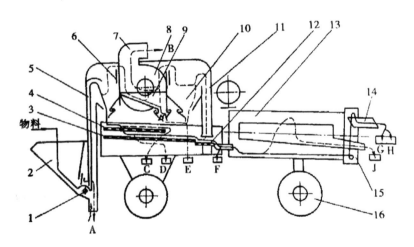

图 3-4　5XF-1.3A 型复式种子清选机

1.喂入胶辊　2.喂料斗　3.下筛　4.上筛　5.前吸风道　6.调风板　7.出风口　8.风机　9.前沉降室　10.后沉降室　11.后吸风道　12.小筛网　13.窝眼筒　14.排料斗　15.出料叶轮　16.轮子　A.重杂　B.尘埃　C.大杂　D.小杂　E.轻杂　F.种子辅助出口　G/H.长粒（好种子）　J.短粒（短杂）

三、种子除芒和刷种

在清选和烘干之前，必须除掉某些种子的芒刺和茸毛等，以免种子相互缠绕架空和与工作部件钩挂，妨碍正常作业。除芒机的工作部件一般是一个内装同心转轴的固定圆筒，转轴上装有4排左右方向的指杆或倾斜的板齿，转轴旋转时，其上的指杆或板齿与圆筒内壁一起不断搓擦和打击从圆筒一端喂入的种子，并引起种子的相互研磨，使芒刺等断开，最后一起从另一端排出。固定圆筒也可做成筛网状，让断芒及早从网孔排出，若旁通口接通吸风机可吸走断碎芒毛，而从排料口接得干净无芒的种子。刷种机的工作原理与除芒机相似，它是用毛刷取代指杆等，主要用于刷除种子表面的茸毛和尘土，对种子的作用工况柔和得多（图3-5）。

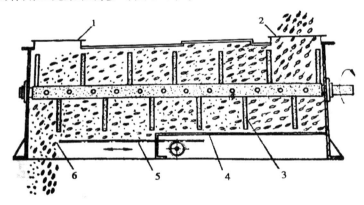

图3-5 除芒机

1.旁通口 2.进料口 3.指杆 4.固定圆筒 5.活门调节板 6.排料口

四、种子包衣和丸粒化

种子包衣和丸粒化是种子加工中能大幅度提高种子质量的后处理工艺，是从拌药发展过来的，用于将种衣剂包敷在种子表面，形成一层有较强附着力的硬膜。视作物品种和地区条件（气候、环境、虫害和病害类型等）的不同，种衣剂由特定种类和比例的农药、化肥、生长激素、增氧剂、吸湿剂和填料，以及适量的防腐剂、防冻剂、警戒色素和配套助剂等构成，它们经过超微粉碎后同成膜固结胶混合成一定酸度和黏度的液体。将经过包衣的种子播入土壤后，种衣剂开始吸收水分，缓慢释放，为种子提供良好的发芽环境和苗期生长条件。

（一）种子包衣机的类型和特点

种子包衣机的分类主要与雾化、规拌和限料有关。

按药液雾化方式划分有高压药液雾化、高压气流雾化、高速甩筒雾化和高速甩盘雾化。高压药液雾化是用药泵将药液加压后，从喷嘴喷出而雾化，它对种衣剂物料的细度和黏度有一定要求；高压气流雾化是利用高压气泵喷出的气流带动药液雾化，其强大的气流难免使药液溢出污染环境；甩筒雾化是将药液供向甩筒内部，后者旋转时，药液通过周壁的小孔甩向经筒周下落的种子，如将甩筒安置在搅拌筒内部，还可边甩药边搅拌，但其雾化程度较低；甩盘雾化是用高速旋转的甩盘将喂入盘面中心的药液高速甩出，撞击空气而雾化，目前应用较多（图3-6、图3-7）。

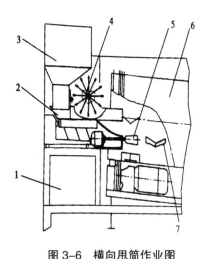

图3-6　横向甩筒作业图

1.控制箱　2.振动给料器　3.料斗　4.药液配给　5.喷药甩筒　6.搅拌筒　7.抄板

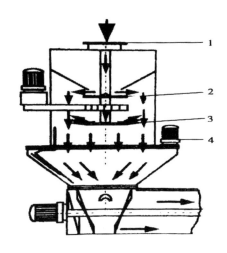

图3-7　甩盘作业图

1.喂种口　2.种子甩盘　3.药液甩盘　4.搅拌机构

包衣机按搅拌方式可划分为滚筒式、螺旋搅龙式和空心搅龙式。滚筒式是利用滚筒内壁和种子的摩擦力及固定在内壁上的抄板将种子带起，种子流在绕筒身旋转的过程中，籽粒相互搓擦，使它们均匀黏制药液。种子在滚筒中受到的只是摩擦力、离心惯性力和抄板较小的推动力。螺旋搅龙式是在中心轴上安装螺旋叶片和按螺旋线排列的搅拌杆、搅拌片等，它们不断强制种子相互搓擦，拉匀和抹开药液，同时将包好衣的种子向出口推送，它搅拌作用强，但易破损种子。空心搅龙式为非强制搅动，基本不损伤种子，有时为了加大搅拌力度和增加搅拌时间，还另置一套拨片和可带逆向偏角的搅拌片。

（二）包丸机械化（丸粒化）

种子丸粒化主要用于精致较小和流动性差的种子，以提高播种均匀度和准确性，同时又改善发芽和生长条件，在蔬菜、花卉、药材、牧草等种子处理方面丸粒化应用较多。丸粒化机的基本工作原理和所用药剂成分与包衣机相类似，但丸粒化又有一些特殊要求。如包衣机是采用种衣剂给种子一气呵成包敷一层外膜，种子包衣后外形变化不大，而丸粒化则是交替采用黏结剂和粉剂逐次加大丸壳厚度，将种子裹成一定尺寸的圆丸。每次所加药粉的成分和粒度不一定完全相同，如最内层和最外层粉末要细些，前者使种子很快成核，后者会加强外壳的强度和光滑性。在衡量作业质量上还要顾及是否包有种子（防止空粒率）和包有种子粒数（提高单粒率）。

第三节　种子处理机械

一、种子清选机械

蔬菜种子清选机主要包括风筛式清选机、比重式清选机、窝眼筒清选机。

（一）功能及特点

风筛式清选机是以气流为介质，根据种子与混杂物料空气动力学特性为差异，按物料的宽度、厚度或外形轮廓的差异进行风选和筛选。种子和杂质临界速度不同，通过调整气流的速度，实现分离。较轻的杂质被吸入沉降室集中排出，较好的种子通过空气筛箱后进入振动筛。振动筛的分选原理是按照种子的几何尺寸特性确定的，种子的种类和品种不同筛孔的尺寸和形状也有所不同，选择更换不同规格的筛片，就能满足分选的要求。

比重式清选机是以双向倾料、往复振动的工作台和贯穿工作台网面的气流相结合的方法将不同比重的种子进行清选和分类，可有效地清除种子中的杂物以及干瘪、虫蛀、霉变的种子。使用时按分选作物种类的不同选用不同目数的不锈钢丝网筛面，通过调节各个工作台区的空气流量，达到籽粒在工作台面上的最佳流化状态和籽粒分层。同时根据实际需要调整工作台面的振动频率及台面的纵、横向角度，从面满足各类种子的分选要求和达到较高的净度。

窝眼筒清选机是通过物料长度的差异进行分选的设备，当物料宽度及厚度相近而长有差异时，用筛选设备很难进行分离，而用窝眼筒清选机则较为理想。清选机由两只主流滚筒及一只副流滚筒组成，通过筛筒的旋转实现连续清理，把其所含的大于内筛孔径的大杂质和小于外筛孔径的细杂质分离出来流向指定位置，达到满意的清理效果。该机型具有产量高、动力消耗小、结构简单、占用空间小、易维护等特点。

（二）典型机型技术参数

1.奥凯5XL-100型蔬菜花卉种子清选机（风筛式）（图3-8）

外形尺寸：1 280 mm×1 210 mm×2 320 mm

生产效率：100 kg/h

进料高度：1 650 mm

选后净度：≥98%

配套动力：1.85 kW

2.奥凯5XZ-100型种子清选机（比重式）（图3-9）

外形尺寸：1 495 mm×885 mm×1 250 mm

生产效率：100 kg/h

整机重量：485 kg

筛网面积：0.806 m²

选后净度：≥99%

配套动力：2.75 kW

图3-8　奥凯5XL-100型蔬菜花卉种子清选机（风筛式）

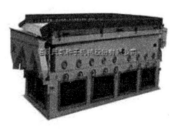

图3-9　奥凯5XZ-100型种子清选机（比重式）

3. 奥凯 5XW-100 型窝眼筒清选机（图 3-10）

外形尺寸：2 272 mm × 866 mm × 1 756 mm

整机重量：405 kg

窝眼筒直径：500 mm

窝眼筒长度：1 207 mm

生产效率：100 kg/h

选后净度：≥ 98%

配套动力：0.75 kW

图 3-10　奥凯 5XW-100 型窝眼筒清选机

二、种子丸粒化机械

（一）功能及特点

种子丸粒化技术作为种衣技术的一种，指的是通过种子丸粒化机械，利用各种丸粒化材料使重量较轻或表面不规则的种子具有一定强度、形状、重量，从而达到小种子大粒化、轻种子重粒化、不规则种子规则化的效果，可显著提高种子对不良环境的适应能力。

（二）典型机型介绍

1. 农牧 5BY-10P 型包衣机（图 3-11）

外形尺寸：2 060 mm × 1 600 mm × 2 070 mm

生产效率：8 ~ 12 t/h

配套动力：10.85 kW

包衣合格率：≥ 98 %

种药配比调节范围：1：20 ~ 1：250

2.RH325 型种子丸粒化机（图 3-12）

外形尺寸：1 000 mm × 500 mm × 950 mm

整机重量：80 kg

本机电源：220V

总功率：1.8 kW

丸粒化合格率：99%

图 3-11　农牧 5BY-10P 型包衣机

丸粒化单籽率：99%

丸粒化单粒抗压力：≥ 1.8 N

工作效率：裸种 20 ～ 30 kg/8 h

主要用于；蔬菜、中草药、粮油、花卉、牧草等种子丸粒化。

机组包括丸粒化机、丸粒烘干机和除尘系统，总功率 10 kW。

图 3-12　RH325 型种子丸粒化机

第四章　蔬菜育苗

第一节　蔬菜育苗农艺技术

一、育苗意义与方式

（一）育苗意义

育苗是蔬菜栽培的重要环节，也是蔬菜生产的一个特色，除了大部分根菜类和部分豆类、绿叶菜类蔬菜采用直播外，绝大多数蔬菜都适合育苗移栽。

与直播相比，育苗具有如下优势：一是提早播种，延长供应；二是争取农时，增加茬口；三是增加复种指数，提高土地利用率；四是便于集约管理，培育壮苗；五是节约用种，降低生产成本等。

（二）育苗方式

蔬菜育苗方式有多种，各有特点，各地应根据当地气候特点、经济条件、栽培基础、蔬菜种类及育苗季节、育苗规模与数量，因地制宜，选用适当的育苗方式。

根据育苗场所及育苗条件，可分为露地育苗、遮阳网覆盖、塑料大棚覆盖以及温室育苗，后三种统称为设施育苗。

根据育苗基质的种类可分为床土育苗、无土育苗和混合育苗。根据床土是否加温，又分为冷床育苗、酿热温床育苗、电热温床育苗、遮阴育苗等。根据护根措施，可分为容器育苗和营养土块育苗。根据所用繁殖材料，可分为播种育苗、扦插育苗、嫁接育苗、组织培养育苗等。生产中通常结合实际情况将几种育苗方式综合运用。

育苗工作的基本流程包括育苗前的准备—播种（或扦插）—苗期管理。

二、露地育苗

露地育苗就是无需任何固定覆盖设施，在露地或附加简易遮阳、防虫等设施的条件下设置苗床育苗的一种育苗方式。

（一）露地育苗的特点

露地育苗主要是在自然环境条件下和适合蔬菜种子萌动发芽及幼苗生长发育的季节育苗，多在春、秋两季进行，与设施育苗相比，具有设备简单、投资小、成本低、管理方便、技术难度小、易于掌握等优点，但易受到高温、霜冻、暴雨、干旱、病虫害等影响。

一般用于秋冬菜、越冬菜及部分春夏菜的育苗，如白菜、甘蓝、花菜、芹菜、芥菜、莴苣以及部分豆类、葱蒜类蔬菜。

（二）露地育苗的设施

露地育苗的设施简单，主要是育苗田块和简易育苗床。育苗地应选地下水位低、不积水、易排水的高地，土壤疏松肥沃，通透性和保水性良好。夏天多在透风阴凉处，秋末、早春则多选避风向阳的高地，做畦进行育苗。早春露地育苗为了保温，可设置临时风障、覆盖草帘或铺薄膜。夏季高温多雨季节，应覆盖防雨棚或遮阳网进行遮阴防雨。

（三）露地育苗的技术要点

1. 苗床准备及播种技术

在选好的田块施入充分腐熟的有机肥，做成畦宽 1.2 m、沟宽 0.5 m 左右的高畦，畦面耙细整平，但不可太细；为防止苗期病虫害的发生，应选择病虫害少的田块做苗床，并对床土进行消毒。播种前应打足底水，多在晴天播种，切忌在大雨将来临时播种，可用干播法或湿播法。

2. 苗期管理

露地育苗易受外界环境条件影响，在做好苗期常规管理的基础上，应根据季节变化采取相应措施抵御不良环境条件。

（1）春季露地育苗　春季露地育苗除了加强水分管理外，应着重注意防冻、防杂草、防干旱工作以保苗。为避免低温造成冷害，播期应选择在终霜后出苗，出苗后遇到寒流或霜冻，应利用地膜覆盖等措施做好临时保护；播后用薄膜、稻草或旧报纸保湿保温；结合苗床中耕，手工除草，务求干净彻底，对于撒播且幼苗密度大的苗床可用除草剂除草。

（2）夏季露地育苗 夏季高温、多雨、强光，时有干旱，病虫害多且危害严重，露地育苗时应采取相应措施减少危害。可用寒冷纱或遮阳网进行遮阴覆盖以防止高温、强降雨及强光，也可通过选择田间阴凉处或在高秆作物遮阴下设置苗床防止高温和强光。为防治病虫害危害，应选择抗病虫品种，尽量创造幼苗健壮生长和不利于病虫害发生的条件，如覆盖防虫网防虫，用频振式杀虫灯或黄板诱杀、银灰膜驱避，也可用种衣剂包衣种子或药剂浸种防止苗期病虫害，病害发生时要及时用农药防治。此外，夏季幼苗易徒长，可通过控水、及时分苗或喷乙烯利、矮壮素等生长调节剂来防止。

（3）秋季露地育苗 秋季露地育苗的蔬菜主要为越冬蔬菜，育苗时应注意确定适宜的播种期，播早了易发生病害，播晚了不耐寒无法正常越冬，或营养体过小而影响产量。一般在保证足够生长期的前提下，适当晚播，以减轻病害。秋季雨水减少，易受干旱影响，播后应加强水分管理。

三、设施育苗

为了争抢农时，合理安排茬口，蔬菜育苗经常会在气候寒冷的严冬与早春，或炎热多雨的盛夏与早秋进行，需设置保护设施，改善温、光、水、肥、气等环境条件。

（一）设施育苗的设施

设施育苗的设施主要有阳畦、温床、地膜覆盖、塑料大棚、温室、夏季遮阴设施等，不同设施的结构和性能有所差异，根据不同地区、不同季节的气候特点，因地制宜，选择经济适用的设施进行育苗。一般南方地区冬春季常用塑料大棚、地膜覆盖、酿热温床和电热温床等保温加温设施以抵御低温危害，夏季育苗则常用遮阳网、防虫网、草帘等遮阴降温、防雨、防虫。

（二）育苗土配制及苗床准备

1. 育苗土的配制

育苗土又称为营养土，是培育壮苗的基础。

（1）优良的育苗土应具备的条件 有机质丰富，其含量不少于5%。疏松透气，具有良好的保水、保肥性能，浇水时不板结，干时不开裂，总孔隙度不低于 60%（其中大孔隙 15% ~ 20%，小孔隙 35% ~ 40%）。床土营养全面，一般要求全氮含量 0.8% ~ 1.2%、速效氮含量 100 ~ 150 mg/kg，速效磷含量不低于 200 mg/kg，速效钾含量不低于 100 mg/kg，并含有钙、镁和多种微量元素；pH 值 6 ~ 7；富含有益微生物，无病菌和虫卵。

（2）育苗土的原料及配方　为达到上述要求，育苗土一般按照一定配方配制，配制原料主要是菜园田土和有机肥。菜园田土多选用非重茬蔬菜较肥沃的田园土，豆茬地块土质比较肥沃，葱蒜茬地块的病菌数量少，均为理想的育苗用土。有机肥较理想的有草炭、猪粪、马粪等，充分腐熟的圈肥，鸡粪、鸽粪、兔粪、油渣等高含氮有机肥易引起菜苗旺长，施肥不当易发生肥害，应慎重使用。此外，可用细沙和炉渣调节育苗土的疏松度，增加育苗土的空隙；有机肥源不足时，也可适量加入优质复合肥、磷肥和钾肥等化肥，用量应小，一般 1 m³ 播种床土的总施肥量 1kg 左右，分苗床土 2 kg 左右。

育苗土的具体配方根据不同蔬菜和育苗时期灵活掌握，一般播种床土要求肥力较高、土质更疏松。目前常用的配方：播种床土配方为田土 6 份，腐熟有机肥 4 份，土质偏黏时应掺入适量的细沙或炉渣；分苗床土配方为田土或园土 7 份，腐熟有机肥 3 份。

（3）育苗土的配制　菜园土和有机肥过筛后，掺入速效肥料，并充分拌和均匀，堆置过夜。育苗土使用前应进行消毒，常用药剂消毒和物理消毒，药剂常用福尔马林、井冈霉素等，如用 5% 福尔马林喷洒床土，拌匀后堆起来，盖塑料薄膜密闭 5 ~ 7 d，然后去掉覆盖物散放福尔马林，可防治猝倒病和菌核病，一般处理 1 ~ 2 周后才可使用。物理消毒方法主要有蒸汽消毒、太阳能消毒等。

2. 苗床准备

育苗前，根据计划栽植苗数、成苗营养面积确定苗床面积，根据蔬菜种类及环境条件选用适宜的育苗设施，使用旧育苗设施时，应进行设施修复和环境消毒。设施准备好后铺设育苗床，苗床畦宽 1 ~ 1.5 m。采用电热温床的应事先在床内布设好地热线，并接通电源。将育苗土均匀铺在育苗床内，播种床铺土厚约 10 cm，分苗床铺土厚 12 ~ 15 cm。若用育苗容器播种，则

直接在容器内填入床土装床。苗床装填好后整平床面。低温季节应在使用前
3 ~ 5 d 覆盖设施升温。

（三）苗床播种

根据生产计划、蔬菜种类、栽培方式、设施条件、苗龄大小、育苗技术
等情况确定适宜的播种期，一般由定植期减去育苗天数确定。

确定适宜的播种量，播前应进行种子处理。低温季节宜选晴暖天上午播
种，播前浇透底水，水渗下后，在床面薄薄散盖一层育苗土，小粒种子多撒
播，瓜类、豆类等大粒种子一般点播，瓜类种子应平放，防止产生"带帽"
现象。催芽的种子表面潮湿，不易撒开，可用细沙或草本灰拌匀后再撒。播
后覆土，并用薄膜平盖畦面（表4-1）。

表 4-1　常见蔬菜设施育苗的苗龄及育苗天数

蔬菜	育苗方式	生理苗龄	育苗天数（d）
西红柿	大、中棚以及日光温室	8 ~ 9 片叶、现大蕾	60 ~ 75
辣椒	大棚早熟栽培	12 ~ 14 片叶、现大蕾	80 ~ 90
茄子	日光温室早熟栽培	9 ~ 10 片叶、现大蕾	100 ~ 120
黄瓜	大棚早熟栽培	5 片叶，见雌花	40 ~ 50
西葫瓜	小拱棚早熟栽培	5 ~ 6 片叶	40
花椰菜	大、中棚早熟栽培	6 ~ 8 片叶	60 ~ 70
甘蓝	大、中棚早熟栽培	6 ~ 8 片叶	60 ~ 70

（四）苗期管理

1. 播种床的管理

播种床的管理包括出苗期、籽苗期、小苗期管理。

（1）出苗期　在浇足底水的前提下，加强温度管理，西红柿、茄
子、黄瓜等喜温蔬菜苗床适宜温度应为25 ~ 30 ℃，莴苣、芹菜等喜冷凉
蔬菜为20 ~ 25 ℃。若采用温床育苗应视夜间温度状况加温，并适时加盖
覆盖物保温，一般夜间温度喜温蔬菜可低至18 ~ 20 ℃，喜凉蔬菜可低至
15 ~ 18 ℃。当70% 以上幼苗出土后，撤除薄膜，适当降温，把白天和夜间
的温度分别降低3 ~ 5 ℃，防止幼苗的下胚轴旺长，形成高脚苗。

（2）籽苗期　出苗至第一片真叶展开为籽苗期，幼苗最易徒长，应加强温度和光照的调控，出苗后适当控制夜温，喜温蔬菜和喜凉蔬菜分别控制在 10 ~ 15 ℃和 9 ~ 10 ℃，昼温则分别保持在 25 ~ 30 ℃和 20 ℃左右，适当间苗和勤擦温室玻璃或薄膜可以改善籽苗受光状况，防止幼茎徒长，籽苗期一般不浇水。当大部分幼苗出土时，将苗床均匀撒盖一层育苗土，保湿并防止子叶"带帽"出土，形成"带帽"苗。

（3）小苗期　第一片真叶破心至 2 ~ 3 片真叶展开为小苗期，苗床管理原则是"促""控"综合，保证小苗在适温、不控水和光照充足的条件下生长。喜温蔬菜昼夜温分别保持 25 ~ 28 ℃和 15 ~ 17 ℃，喜凉蔬菜分别保持 20 ~ 22 ℃和 10 ~ 12 ℃。播种时底水充足则不必浇水，可向床面撒一层湿润细土保墒；若底水不足床土较干，可在晴天中午前后一次性喷透水，然后覆土保墒。经常擦净温室玻璃或薄膜以增强光照，覆盖物早揭晚盖以延长小苗受光时间。

2. 分苗

分苗是育苗过程中的移植，主要目的是扩大营养面积，增加根群，培育壮苗。

（1）分苗原则　一次点播，营养面积足够的不用分苗。分苗时间宜早，瓜类、菜豆等不耐移植的蔬菜应于子叶期分苗；茄果类、白菜、甘蓝等蔬菜耐移植，可在小苗期分苗；萝卜等根菜移植后肉质根易分叉，不宜移植。分苗次数应少，一般分苗 1 次。

（2）分苗密度　根据成苗大小、单叶面积大小及叶开张度确定分苗密度，一般甘蓝类分苗距离为 6 ~ 8 cm，茄果类 8 ~ 10 cm，瓜类 10 ~ 12 cm。

（3）分苗技术　分苗前 3 ~ 5 d，应加大苗床通风量，降低温度，提高秧苗的适应性，以利分苗后缓苗生长。分苗前一天，将苗床浇透水，以减少起苗时伤根。早春气温低时，应采用确水法分苗，即先按行距开沟、浇水，边浇水边按株距摆苗，水渗下后覆土封沟；高温期应采用明水法分苗，即先栽苗，全床栽完后浇水。

3. 分苗后的管理

（1）缓苗期　分苗后 3 ~ 5 d 为缓苗期，管理以保温、保湿为主，以便恢复根系，促进缓苗。一般喜温蔬菜地温不能低于 18 ~ 20 ℃，白天气温 25 ~ 28 ℃，夜温不低于 15 ℃；喜凉蔬菜可相应降低 3 ~ 5 ℃。缓苗期间一般不需通风，以保湿；此外，应避免强光，光照过强时应适当遮阴。当幼苗心叶由暗绿转为鲜绿时，幼苗已缓苗。

（2）成苗期　缓苗后幼苗生长加快，应加强温度和光照管理。及时降低温度以防徒长，喜温蔬菜白天 25 ℃左右，夜间 12 ~ 14 ℃；喜凉蔬菜白天 20 ℃左右，夜间 8 ~ 10 ℃。幼苗封行前，光照好，幼苗不易徒长，可适当通风，切忌通风过猛造成"闪苗"。幼苗封行后，幼苗基部光照变弱，空气湿度较大，易徒长，应经常清洁温室玻璃或薄膜，早揭晚盖覆盖物，增加光照，加强通风排湿或向畦面撒盖干土。

（3）定植前的秧苗锻炼　即定植前对秧苗进行适度的低温、控水处理，增强秧苗对不良环境的适应能力，并促进瓜果类蔬菜花芽分化。一般定植前 7 ~ 10 d，通过降温控水，加强通风和光照，进行炼苗。果菜类昼温降到 15 ~ 20 ℃，夜温 5 ~ 10 ℃；叶菜类白天 10 ~ 15 ℃，夜间 1 ~ 5 ℃。土壤湿度以地面见干见湿为宜，对于西红柿、甘蓝等秧苗生长迅速、根系较发达、吸水能力强的蔬菜应严格控制浇水。对茄子、辣椒等水分控制不宜过严。

4. 其他管理

在育苗过程中，当幼苗出现缺肥症状时，应及时追肥。追肥以施叶面肥为主，可用 0.1% 尿素或 0.1% 磷酸二氢钾等进行叶面喷肥。苗期追施 CO_2，不仅能提高苗的质量，而且能促进果菜类的花芽分化，提高花芽质量，适宜的 CO_2 施肥体积分数为 0.080% ~ 0.10%。

定植前的切块和囤苗能缩短缓苗期，促进早熟丰产。一般囤苗前两天将苗床灌透水，第二天切方。切方后，将苗起出并适当加大苗距，放入原苗床内，以湿润细土弥缝保墒进行囤苗。囤苗时间一般 7 d 左右，期间要防淋雨。

四、容器育苗

为缩短蔬菜幼苗移栽的缓苗期，提高成活率，生产上常利用各种容器进行容器育苗，同时也便于秧苗管理和运输，实现蔬菜秧苗的批量化、商品化生产。

（一）容器类型

蔬菜育苗容器主要有塑料钵、纸钵、草钵、育苗穴盘等，目前生产上常用塑料钵和育苗盘，可根据蔬菜的种类、成苗大小选择相应规格。

（二）容器育苗的技术要点

选择适宜规格的育苗容器，避免因苗体过大营养不足而影响秧苗的正常生长发育。容器育苗使培养土与地面隔开，秧苗根系局限在容器内，不能吸收利用土壤中水分，易干旱，应加强水分管理。使用纸钵育苗时，钵体周围均能散失水分，易造成苗土缺水，应用土将钵体间的缝隙弥严。为保持苗床内秧苗的整齐度，培育壮苗，育苗过程中要注意倒苗，即定植前搬动几次育苗容器。倒苗的次数依苗龄和生长差异程度而定，一般为 1 ~ 2 次。

五、无土育苗

无土育苗是指不用天然土壤，而利用非土壤的固体材料作基质及营养液，或利用水培及雾培进行育苗的方法。

（一）无土育苗的特点

无土育苗易于对育苗环境和幼苗生长进行调控，为幼苗生长创造最佳环境，因此幼苗生长发育快、整齐一致，壮苗指数高，移植后的缓苗期短；此外，无土育苗省去了传统土壤育苗所需的大量床土，减轻了劳动强度；基质和用具易于消毒，可减轻土传病虫害发生；可进行多层立体育苗，提高了空间利用率；育苗基质体积小，重量轻，便于秧苗运输；科学供肥供水，可节约肥料；便于实行标准化管理和工厂化、集约化育苗。但是无土育苗比土壤育苗要求更高的设备和技术条件，成本相对较高。

（二）无土育苗的设施

无土育苗的设施除保护地覆盖设施外，还应建配套的育苗床、移苗床，并配备各种育苗盘、育苗钵、岩棉育苗方块以及各种非土壤固体基质材料。

育苗床可用砖块砌成水泥床，或用聚苯乙烯（EPS）发泡材料加工成定型槽，床内铺一层塑料薄膜，填上基质作播种床；也可将基质直接填入育苗盘、育苗钵等容器进行容器育苗。

育苗容器包括不同规格的育苗盘或穴盘、各种规格的硬质或软质塑料钵。岩棉育苗有专用的育苗岩棉方块。基质的种类很多，常用的有泥炭、蛭石、珍珠岩、沙、岩棉、炉渣、碳化稻壳等，应注重就地取材。育苗用的营养液专用肥料也应配制齐备。

（三）无土育苗方式及其技术要点

1. 无土育苗方式

蔬菜无土育苗主要有播种育苗和组织培养育苗两种方法。生产中主要采用播种育苗，根据育苗容器的不同可分为育苗钵育苗、岩棉块育苗、穴盘育苗、育苗盘育苗等；根据播种育苗的规模和技术水平又分为普通无土育苗和工厂化无土育苗。

组织培养育苗能保持原有品种的优良性状，获得无病毒苗木，繁殖系数高，速度快，可实现自动化、工厂化和周年生产，也逐渐受到重视，但育苗成本较高，有一定技术难度。

2. 无土育苗的技术要点

无土育苗的关键技术包括设施、装置的选择和布置；基质的选择和应用；营养液的配制、使用与管理；苗期温、光、肥、水的控制等。其基本程序包括装盘播种、催芽出苗、绿化、分苗、成苗五个阶段，目前无土育苗较多采用穴盘育苗。

（1）设施设备　穴盘育苗是以草炭、蛭石等轻质材料作基质，利用穴盘播种育苗的方法。生产中可采取人工操作管理，主要的设施为穴盘、基质、育苗床、肥水供给系统；若工厂化育苗则多采用机械化精量播种，一次成苗，主要设施设备有精量播种系统、穴盘、基质、育苗温室、催芽室、育苗床架及肥水供给系统。

（2）穴盘、育苗基质及营养液的选择

穴盘选择：目前使用的穴盘多为 54.4 cm × 27.9 cm，每个苗盘有 50 ~ 648 个孔穴等多种类型，其中 72 孔、128 孔、288 孔和 392 孔穴盘最常用。西红柿、茄子、黄瓜育苗多用 72 孔穴盘，辣椒、甘蓝、花椰菜等选用 128 孔穴盘，生菜、芹菜、芥菜等选用 288 孔穴盘。

育苗基质：一般以草炭、蛭石和珍珠岩为主，此外还有菌渣等。草炭最好选用灰鲜草炭，pH 值 5.0 ~ 5.5，养分含量高，亲水性能好。目前国内绝大部分穴盘育苗采用草炭 + 蛭石的复合基质，比例 2：1 或 3：1。草炭和蛭石本身含有一定量的大量元素和微量元素，但不能满足幼苗生长的需要，在配制基质时应加入一定量的化学肥料。

营养液配方：若采用草炭、生物有机肥料和复合肥合成的专用基质，育苗期间可只浇清水，适当补充大量元素即可，因此营养液配方以大量元素为主，微量元素由育苗基质提供。此外，生产上还用氮磷钾三元复合肥（N、P、K 含量为 15：15：15）配成溶液后浇灌秧苗，子叶期浓度 0.1%，一片真叶后用 0.2% ~ 0.3% 的浓度。

（3）基质装盘及播种　育苗前对有苗场地、主要用具进行消毒；一般用 50 ~ 100 倍福尔马林或 0.05% ~ 0.1% 的高锰酸钾对使用过的穴盘和育苗基质进行消毒，消毒后应充分洗净，以免伤苗。播种前几天，将育苗基质装入穴盘，等待播种；在寒冷季节，应在播种前使基质温度上升到 20 ~ 25 ℃。为减少苗期病害，种子应经过消毒处理后再浸种催芽。播种前，用清水喷透基质，均匀撒播已催芽或浸种的种子，覆盖基质 0.5 ~ 1 cm。

（4）苗期管理　播种后应浇透水，冬季育苗应用薄膜覆盖苗盘增温保湿，出苗前可不浇水；夏季育苗出苗前要小水勤浇，保持上层基质湿润；出苗后至第一片真叶展出，要控水防止徒长，其后随植株生长，加大浇水量。苗期的营养供给可以通过定时浇灌营养液解决，若基质中已混入肥料则只浇清水，缺肥时叶面喷施 0.2% 的氮磷钾复合肥。

六、育苗中常见问题及预防措施

在蔬菜育苗中，因天气及管理不当，秧苗常出现各种不正常生长现象，归纳如下。

（一）出苗不整齐

主要表现为出苗时间不一致或苗床内幼苗分布不均匀。前者主要由种子质量差、苗床环境不均匀、局部间差异过大或播种深浅不一致所致。后者主要由于播种不均匀、局部发生了烂种或伤种芽等造成的。

预防措施：选择质量好的种子。精细整地，均匀播种，提高播种质量。

保持苗床环境均匀一致。加强苗期病虫害防治等。

（二）带帽苗

幼苗出土后，种皮不脱落而夹住子叶，俗称"带帽"或"顶壳"，产生的主要原因有覆土过薄、盖土变干。

预防措施：覆土厚度均匀适当。苗床底水要足，出苗前，床面覆盖地膜保湿。瓜菜播种时，种子要平放。

（三）沤根

幼苗根部发锈，严重时表皮腐烂，不长新根，幼苗变黄萎蔫，主要由苗床湿度大、温度低引起。

预防措施：选择透气良好的土壤作苗床，提高地温。控制浇水，避免土壤湿度长时间过高。发生沤根后及时通风排湿，或撒施细干土或草木灰吸湿。

（四）烧根

幼苗根尖发黄，不发新根，但根不烂，地上部生长缓慢，矮小发硬，不发棵，形成小老苗。主要由施药量或施肥量过大、浓度过高或苗床过旱所致。

预防措施；配制育苗土时不使用未腐熟的有机肥，化肥不过量使用并与床土搅拌均匀。科学合理用药，用药前苗床保持湿润。若已产生药害，应及时喷清水。

（五）徒长苗（高脚背）

产生的主要原因是光照不足，夜间温度过高，氮肥和水分过多，苗床过密等。

预防措施：增加光照，保持适当的昼夜温差。播种量不过大，并及时间苗、分苗，避免幼苗拥挤。控制浇水，不偏施氮肥。

（六）老化苗

老化苗又称老细苗、小老苗，定植后发棵慢，易早衰，产量低。主要由于苗床水分长时间不足和温度长时间过低，或蹲苗时间过长引起。

预防措施：严格掌握好苗龄，蹲苗时间长短要适度。蹲苗时低温时间不宜过长，防止长时间干旱造成幼苗老化。蹲苗时控温不控水。

（七）冻害苗

主要由苗床温度过低引起。

预防措施；改进育苗手段，采用人工控温育苗如电热温床育苗等。通过加厚草、覆盖纸被、加盖小拱棚等措施加强夜间保温。适当控制浇水，合理增施磷肥，提高秧苗抗寒能力。

第二节　蔬菜工厂化穴盘育苗技术

工厂化育苗就是像工厂生产工业产品一样，在完全或基本由人工控制的适宜环境条件下，按照一定的工艺流程和标准化技术来进行秧苗的规模化生产。这种现代化的生产方式具有效率高、规模大、周期短、受季节限制少、生产的秧苗质量及规格化程度高等特点。工厂化育苗的生产过程，要求具有完善的育苗设施、设备和仪器，以及现代化水平的测控技术和科学的管理技术。

工厂化穴盘育苗技术是以组织培养为基础发展起来的一项育苗新技术。工厂化穴盘育苗技术使得育苗实现了专业化，生产过程实现了机械化，供苗实现了商品化，这项技术在欧美等发达国家得到了不断的发展和迅速推广，至 20 世纪 90 年代末期，北美地区的花坛种苗为穴盘苗的已超过 90%。我国从 20 世纪 80 年代中期引入该技术。

一、工厂化育苗特点

种苗业的迅速发展必须有先进的育苗播种技术作支撑。工厂化穴盘育苗作为一种高效、优质的育苗生产技术，实现了种苗的规模化、集约化生产，具有出芽率高、种苗品质好、节约种子且易于实现商品化生产等优势。同时工厂化穴盘育苗技术还具有很多优点，如省工省力、节约能源、有利于规模化管理、能够保护与改善农业生态环境等，在蔬菜生产中应用非常广泛。

（一）降低育苗成本

工厂化育苗采用集中管理、统一送苗的方式运作，一些常规品种苗送到田头夏季约 0.1 元 / 株、冬季约 0.15 元 / 株，与农民自己育苗相比，育苗成本降低 30% ~ 50%，特别是冬季育苗成本降低更为显著。

（二）降低育苗风险

不论何时育苗，温度管理是关键，夏季育苗正值高温季节，要注意降温，防止徒长；冬季育苗正值寒冬季节，要注意保温，防止形成小老苗。农民分散育苗，由于设施简陋，往往难以把握好夏季降温、冬季保温的管理，夏季容易遇到水淹，育苗成功率不高，而实行工厂化育苗以后，育苗设施配套好，育苗成功率大大提高，降低了育苗的风险，保持了高效农业的可持续发展。

（三）利于培育壮苗

工厂化育苗，采用基质穴盘，科学配方营养成分，苗期缩短，夏季一般为 25 ～ 30 d 苗龄，冬季一般为 35 ～ 45 d 苗龄，有利于培育壮苗，有的农户冬季育苗为了安全越冬，常常采用大苗越冬的方式，一般 10 月中旬下种，次年 2 ～ 3 月份才移栽，苗期太长，苗龄太大，易形成老苗、病苗。

（四）利于新品种推广

工厂化育苗一般采用育苗与品种展示相结合的方式，在育苗的同时，规划出适当的展示区，引进一些准备推广的新品种种植展示，然后组织种植大户参观长势长相，以及产量表现，使一些种植大户从直观上了解新品种的特征特性，从而使新品种得到迅速的推广。即通过引进新品种、育苗工厂示范种植，进而进行全面推广，这作为一个农户分散育苗是做不到的。

（五）节约土地与劳动力资源

工厂化育苗，一般 1 m² 可以培育约 420 株苗，与农户普通大棚育苗相比，可以节约育苗土地 60%，由于是集约化生产，有利于人工操作，节约劳动力。一般情况下，4 500 m² 的育苗温室，平常只需要两个人正常管理，一季可以育 400 万株蔬菜苗，可以满足 133.3 ～ 200 hm² 占地大棚的用苗需求，大量节省土地和人力资源。

二、工厂化育苗的场地

工厂化育苗的场地由播种车间、催芽室、育苗温室和包装车间及附属用房等组成。

（一）播种车间

播种车间主要放置精量播种流水线和一部分基质、肥料、育苗车、育苗盘等。由于基质混合搅拌机、装盘装钵机一般是与播种流程机械（长 8.3 m）

相连在一起，所以播种车间要求有足够的空间，至少要有 14 ～ 18 m 长、6 ～ 8 m 宽的作业面积。在本车间内完成基质搅拌、填盘装钵至播种后覆土、洒水等全过程。要求车间内的水、电、暖设备完备，设施通风良好。

（二）催芽室

催芽室设有加热、增湿和空气交换等自动控制和显示系统，室内温度在 20 ～ 35 ℃，相对湿度能保持在 85% ～ 90% 范围内，催芽室内外、上下温、湿度在误差允许范围内相对均匀一致，一个 60 m³ 的催芽室一次能码放 3 000 个穴盘，催芽时间视作物而异。

（三）育苗温室

温室是育苗中心的主要设施，建立一座育苗中心大约 50% 以上的支出是温室及温室设施的建造和购置费。大规模的工厂化育苗企业要求建设现代化的联栋温室作为育苗温室。

三、工厂化育苗的主要设备

（一）自动精播生产线装置

自动精播生产线装置是工厂化育苗的一组核心设备，由育苗穴盘（钵）摆放机、送料及基质装盘（钵）机、压穴及精播机、覆土及喷淋机等五大部分组成，精量播种机是这个系统的核心部分。精量播种机有真空吸附式和机械转动式两种。真空吸附式播种机对种子形状和粒径大小没有严格要求，播种之前无须对种子进行丸粒化处理；而机械转动式播种机对种子粒径大小和形状要求比较严格。

（二）育苗环境自动控制系统

育苗环境自动控制系统主要指育苗过程中的温度、湿度、光照等的环境控制系统，主要包括以下几个部分。

1. 加温系统

育苗温室内的温度控制要求冬季白天晴天达 25 ℃，阴雪天达 20 ℃，夜间温度能保持在 14 ～ 16 ℃。育苗床架内埋设电热线，可以保证秧苗根部温度在 10 ～ 30 ℃范围内，以满足在同一温室内培育不同蔬菜作物秧苗的需要。

2. 保温系统

温室内设置遮阴保温帘，四周有侧卷帘，入冬前四周加装薄膜保温。

3. 降温排湿系统

育苗温室上部可设外遮阳网，在夏季能有效地阻挡部分直射光的照射，在基本满足秧苗光合作用的前提下，通过遮光降低温室内的温度。温室一侧配置大功率排风扇，高温季节育苗时可显著降低温室内的温、湿度。通过温室的天窗和侧墙的开启或关闭，也能实现对温、湿度的有效调节。在夏季高温干燥地区，还可通过湿帘风机设备降温加湿。

4. 补光系统

苗床上部配置光通量 16 kLx、光谱波长 550 ~ 60nm 的高压钠灯，在自然光照不足时，开启补光系统可增加光照强度，满足各种蔬菜作物幼苗健壮生长的要求。

5. 控制系统

工厂化育苗的控制系统对环境的温度、光照、空气湿度和水分、营养液灌溉实行有效的监控和调节，由传感器、计算机、电源、监视和控制软件等组成，对加温、保温、降温排湿、补光和微灌系统实施准确而有效的控制。

6. 喷灌设备

工厂化育苗温室或大棚内的喷灌设备一般采用行走式喷淋装置，既可喷水又能兼顾营养液的补充和喷施农药。

四、工厂化育苗的生产工艺

工厂化育苗的生产工艺流程分为准备、播种、催芽、育苗、出室等五个阶段。

（一）适于工厂化育苗的蔬菜作物种类及种子处理

适于工厂化育苗的蔬菜作物种类主要包括茄果类、瓜类、甘蓝类蔬菜，如茄子、青椒、西红柿、菜花、甘蓝等。种子必须实行精播，以保证较高的发芽率和发芽势。还需要进行种子精选，以剔除瘪籽、破碎籽和杂籽，提高种子纯度与净度。因为精播机每次吸取一粒种子，所播种子发芽率不足100%时，会造成空穴，影响育苗数。

为了杀灭种子上可能携带的病原菌和虫卵，催芽前必须对种子进行消毒，常用的消毒方法有温汤浸种和药剂处理。

1. 温水烫种

温水烫种是用 55 ℃左右的温水浸种 10 ~ 15 min。

2. 药剂处理

药剂处理是用 10%Na_3PO_4，消毒 20 min，洗净。

茄果类、瓜类蔬菜，播种前进行低温或变温处理，可显著提高苗期的耐寒性。

（二）适宜穴盘及苗龄选择

国际上使用的穴盘，其规格为宽 27.9 cm、长 54.4 cm、高 3.5 ~ 5.5 cm，孔穴数有 50 孔、72 孔、98 孔、128 孔、200 孔、288 孔、392 孔、512 孔等多种类型。孔穴的形状分为圆锥体和方锥体。孔穴的大小、形状直接影响育成苗的速度和质量。

常用于蔬菜育苗的多为 72 孔、98 孔、128 孔和 200 孔的方锥体穴盘。

表 4-2　不同蔬菜种类的苗龄、商品苗标准及育苗温室温度管理

作物	温度管理（℃）		苗龄（d）	销售标准（片叶）
	白天	夜晚		
西红柿	20 ~ 23	10 ~ 15	60 ~ 65	6 ~ 7
茄子	25 ~ 28	13 ~ 18	75 ~ 80	6 ~ 7
青椒	25 ~ 28	13 ~ 18	75 ~ 80	8 ~ 10
甘蓝	15 ~ 18	8 ~ 10	75 ~ 80	5 ~ 7
芹菜	20 ~ 30	15 ~ 20	60 ~ 65	4 ~ 6

（三）基质选择与配方

育苗基质必须使幼苗在水、气、热协调以及养分供应充足的人工环境中生长。育苗基质的选择是工厂化育苗成功的关键之一，国际上常用草炭和蛭石各半的混合基质育苗。目前我国用于穴盘工厂化育苗的基质材料除了草炭、蛭石、珍珠岩外，菌糠、腐叶土、处理后的醋糟、锯末、玉米芯等均可作为基质材料。

蔬菜育苗基质配制的总体要求是：一是有良好的物理化学性状，保证水、气、热状况的协调，通常以疏松透气、保水保肥为好，以总孔隙度为84%～95%（风干样品）较好，且茄果类要求比叶菜类略高；二是要有适量比例的营养元素，确保正常生长发育；三是有一定的酸碱度，大多数蔬菜适宜在pH值6.5～7.0近中性的环境中生长。

对基质的营养特性要全面掌握，要求考虑与测定以下几个指标与因素：一是基质的各养分供应总量，即通过测定基质中全N、全P、全K以及其他营养元素含量了解基质的养分供应总量；二是基质中各养分供应的浓度水平与强度水平，即主要测定基质中水溶性N、有效性P、K、Ca、Mg以及有关微量元素与重金属；三是基质中养分供应的速、迟分配状况以及N、P、K之间比例等。

（四）基质及背盘消毒

基质及苗盘均用0.1%KMnO₄消毒。或者在每0.1 m³基质中，加入五氯硝基苯和65%代森锰锌各45 g。

（五）催芽播种

基质及苗盘消毒后，用营养液拌匀，再填盘，最后播种。一般在播种之前，先行催芽。

表4-3　不同蔬菜种类的催芽温度与时间

作物	温度管理（℃）	催芽时间（d）
茄子	25～30	5
青椒	25～30	5
西红柿	20～25	4
菜花、甘蓝	20～25	2

（六）苗期管理

1. 温度管理

不同蔬菜作物种类以及作物不同的生长阶段对温度有不同的要求。穴盘育苗在种子出芽期要求温度较高，一般为25～30 ℃，以确保种子发芽迅速并出苗整齐。出苗以后，把育苗穴盘搬移到温室（大棚）管理。

2. 光照管理

冬春季自然光照弱，特别是在蔬菜设施内，设施本身的光照损失就不可避免，阴天时温室内光照强度就更弱了。在没有条件进行人工补光的设施情况下，要及时揭开草帘，选用防尘无滴膜做覆盖材料，定期擦拭膜上灰尘，以保证换苗对光照的需要。夏季育苗，自然光照的强度超过了蔬菜光饱和点，而且易形成过高的温度，因此，需用遮阳网遮阴，达到避光、降温、防病的效果。

3. 水分管理

由于穴盘育苗基质量少，所以要求播后一定要浇透水。浇水最好在晴天的上午进行，浇水要浇透，以利根下扎，形成根坨。不同蔬菜种类在苗期的不同生育阶段，对水分要求不一样。在育苗实践中，应该根据标准，在出苗之前保持比较高的湿度（75% 以上）；在出苗以后，则湿度要求降低，一般保持基质土填"见干见湿"。成苗后起苗的前一天或当天要浇一次透水，使苗坨容易脱出，长距离运输时不萎蔫死苗（表 4-4）。

表 4-4　不同蔬菜生育阶段水分管理

作物	基质水分含量（相当于最大持水量 %）		
	播种至出苗	子叶展开至 2 叶 1 心	3 叶 1 心至移栽
西红柿	75 ~ 85	55 ~ 65	55 ~ 65
茄子	85 ~ 90	70 ~ 75	65 ~ 70
青椒	85 ~ 90	65 ~ 79	60 ~ 65
甘蓝	75 ~ 85	60 ~ 65	55 ~ 60
芹菜	85 ~ 90	75 ~ 80	70 ~ 75

4. 养分管理

由于穴盘育苗时的单株营养面积小，基质量少，且幼苗根系吸收功能弱，苗期施肥应该以速效性 N、P、K 肥为主，不宜过量也不宜过少。作为基肥加入到育苗基质中的常用肥料种类有尿素、KH_2PO_4、脱味鸡粪等。按照不同的育苗蔬菜种类，肥料加入量有所区别。

作为通肥一般采用营养液喷施，每 7 ~ 10 d 喷洒一次。育苗过程中营养液的添加决定于基质成分和育苗时间，采用以草炭、生物有机肥料和复合肥合成的专用基质，育苗期间以浇水为主，适当补充一些大量元素即可。采用草炭、蛭石、珍珠岩作为育苗基质，营养液配方和施肥量是决定种苗质量的重要因素。采用浇营养液的方式进行叶面追肥，冬春季会造成温室内湿度过大，易发生病害；夏季遇雨季或连阴天会造成烂苗。所以基质育苗经常采用在基质中直接加肥的施肥方法。

5. 病虫害防治

蔬菜作物幼苗期易感染的病害主要有猝倒病、立枯病、灰霉病、菌核病、病毒病、霜霉病、疫病等；由于环境因素引起的生理病害有沤根、寒害、冻害、热害、烧苗、旱害、涝害、盐害以及有害气体毒害、药害等，以上各种病理性和生理性病害要以预防为主，及时调整并杜绝各种传染途径，做好穴盘、器具、基质、种子和温室环境的消毒工作，发现病害症状及时进行适当的化学药剂防治。育苗期间常用的化学农药有 75% 的百菌清粉剂 600 ～ 800 倍液，可防治猝倒病、立枯病、霜霉病、白粉病；50% 的多菌灵 800 倍液，可防治猝倒病、立枯病、炭疽病、灰霉病等；其他如 72.2% 霜霉灵（普力克）600 ～ 800 倍、64% 噁霜锰锌（杀毒矾）可湿性粉剂 600 ～ 800 倍、15% 恶霉灵 50 倍、25% 的甲霜灵（瑞毒霉）1 000 ～ 1 200 倍、70% 的甲基硫菌灵1 000 倍等，对蔬菜作物的苗期病害都有较好的防治效果。对于环境因素引起的病害，应加强温、湿、光、水、肥的管理，严格检查，以防为主，保证各项管理措施到位。育苗期间只要预防措施得当，一般没有大的虫害发生。

五、蔬菜穴盘育苗注意事项

第一，用于机械化移栽的蔬菜苗必须为穴盘秧苗，穴盘一般选用黑色聚氯乙烯吸塑盘或聚氨酯泡沫塑料模塑育苗盘，在生产中应兼顾生产效益和种苗质量，根据所需种苗种类、成苗标准、生产季节选用适当的穴盘。

第二，种子应选用优质、抗病、丰产的蔬菜品种，要求纯净度高、发芽率高、生长势强，并通过浸种、包衣等种子处理方法控制种子表面携带的病原菌。

第三，穴盘育苗的基质要求保肥、保水力强，透气性好，不易分解，能支撑种苗且质量大于蔬菜苗质量，需选择合适的有机质材料配制而成，并根据种苗生长期长短和需肥特点添加化学肥料。

第四，播种尽量应用全自动机械播种，使装盘、压穴、播种、覆盖和喷水一系列作业均在播种流水线上自动完成。

第五，为促进种子尽快萌发出苗，要将播好种子的穴盘置于催芽室在适宜的温、湿度条件下进行催芽，当苗盘中60%左右的种子萌发，有少量拱出表层时，将苗盘及时转移到育苗室。如果催芽时间过长会造成秧苗徒长，催芽期间，每天要检查种子萌芽程度。

第六，苗期生长过程中，根据农艺要求，加强温度、光照、水肥的管理。

第三节　工厂化穴盘育苗机械

一、穴盘育苗机械概况

精量穴盘育苗播种机主要包括两种类型：一种是用于田间作业的单台精量穴盘育苗播种机；另一种是穴盘育苗播种流水线，其核心部件是精量播种机。精量穴盘育苗播种机根据结构原理分为针式穴盘育苗播种机、板式穴盘育苗播种机和滚筒式穴盘育苗播种机三种。针式穴盘育苗播种机的优点是播种精度较高，缺点是作业速度慢，工作效率低（100～200盘/h），其针头对种子会造成伤害，影响育苗出芽效果。板式穴盘育苗播种机的优点是结构简单、操作方便、售价低，缺点是播种速度低于120～150盘/h，播种精度低，空穴率高，影响育苗效果。滚筒式穴盘育苗播种机的优点是播种速度较快（最高可达300～500盘/h），缺点是结构复杂，在高速作业时漏播率较高，影响出苗率。

欧美地区发达国家的蔬菜育苗装备较为成熟，如美国Blackmore公司、美国Boulding & Lawsson公司、英国Hamilton公司、澳大利亚Kwengi-Neering公司等是专业生产精量播种机的主要厂家。在以色列、荷兰、日本、韩国等国家，技术成熟且性能可靠的蔬菜育苗装备在设施农业中应用广泛。

浙江台州赛得林机械有限公司、江苏云马机械制造有限公司等生产的蔬菜育苗装备在国内相对成熟，生产的蔬菜育秧精量播种流水线以实现蔬菜育苗环节的自动化作业为目的，除完成精量播种作业之外，还可完成自动覆土和浇水等环节的一体化操作，种子直径适应范围为 0.1～5 mm；山东潍坊靖鲁机械设备有限公司、重庆万而能农业机械有限公司等生产的精量播种机，采用板式气吸结构，适宜西红柿、辣椒、烟叶等种子的育苗播种，作业效率为人工效率的 50 倍以上。

二、国内外研究现状

（一）国外研究现状

国外穴盘育苗播种机发展起步较早，已有 50 多年的发展研制历程。经过多年的发展，国外研制出了多种机型，各类产品比较成熟，自动化程度较高。目前，国外生产穴盘育苗播种机的公司主要有美国的 Blackmore、英国的 Hamilton、意大利的 MOSA、荷兰的 VISSER、澳大利亚的 Wlliames 以及韩国的大东机电等。

图 4-1 为美国 Blackmore 公司生产的气吸针式播种机。其最大的特点是可以播种多种类型的种子，从秋海棠到各种瓜类，甚至南瓜、豌豆、玉米和黄豆等。特殊的双排针式播种结构保证播种效率不低于 300 盘 /h。

图 4-2 为美国 Blackmore 公司生产的气吸滚筒式播种机，通过 4 个独特的可选择的气缸进行驱动，可以实现种子和穴盘的更换。只需"点击"所需孔的尺寸和穴盘的类型就能在 1 min 内完成更换，而不需要人工去更换滚筒，既方便又高效。播种精度高、速度快，播种效率不低于 1 200 盘 /h。

图 4-3 为美国 SEE 天 ERMAN 公司生产的 GS1 型半自动针式播种机，机身尺寸为 1.2 m×0.6 m×0.6 m，整机质量为 18.14 kg，专为小型温室育苗设计。播种效率为 120 盘（288 穴）/h 或 80 盘（512 穴）/h。该播种机可播种 50～512 穴的穴盘，操作者可在 5 min 内更换播种部件。其采用压缩空气作为唯一的动力来驱动所有的工作部件，不需要电源，只需将播种机连接气源（548.72 kPa，141L/min）。

图 4-4 为美国 SEE 天 ERMAN 公司生产的 GS2 型全自动针式播种机，工作效率为 180 盘（288 穴）/h 或 120 盘（512 穴）/h。相比于 GS1 半自动播种机，工作效率更高，操作更加方便，可靠性更强。

图 4-1 Blackmore 公司生产的气吸针式播种机 图 4-2 Blackmore 公司生产的气吸滚筒式播种机

图 4-3　GS1 型半自动针式播种机　　图 4-4　GS2 型全自动针式播种机

图 4-5 为英国 Hamilton 公司生产的滚筒式播种机，主要优势在于能适用于现在市场上几乎所有的穴盘、种子和花坛植物，其更换滚筒和调整穴盘非常方便。播种机安装有双重滚筒，可以对一个穴盘进行单行、双行或者多行播种。每个滚筒可以安装两种不同孔径的吸嘴，也可以在两种不同的穴盘上播种，甚至能适用于不常用的 6 行穴盘。正常播种效率为 700 盘 /h（或 30 万粒 /h），该播种机可以直接将种子播种到种床上，播种效率更高。

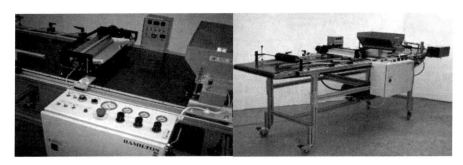

图 4-5　滚筒式播种机

图 4-6 和图 4-7 分别为澳大利亚 Williames 公司生产的 ST750 型和 ST1500 型播种机。ST750 属于紧凑型育苗播种生产线，最大播种速度为 750 盘 /h。播种精确可靠，广泛应用于蔬菜、树苗和花卉植物种植领域，适用于大部分的穴盘。

ST1500 属于大型育苗播种生产线，最大播种速度为 1 500 盘 /h。播种快速、精确且可靠，配有 FNC 基质装填机，基质装填效果非常出色。

图 4-8 和图 4-9 分别为意大利 MOSA 公司生产的 Line600 型和 Line1400 型播种生产线。Line600 机身尺寸为 8.26 m×1.98 m，质量为 380 kg，属于紧凑型滚筒式播种机。Line600 播种生产线因其紧凑的机身，在市场上有较强的竞争力。此外，播种生产线还配有基于 MOSA 的模块化系统（在所有播种生产线中独有的系统）。

Line1400 型播种生产线机身尺寸为 11.15 m×2.79 m，质量为 545 kg。该生产线配有不同于传统的新型滚筒式播种机，是 MOSA 播种机中的领军者，具有更强大的工作能力，可以通过电子系统控制全部的工作部件。

图 4-6　ST750 型播种机

图 4-7　ST1500 型播种机

图 4-8　Line600 型播种生产线

图 4-9　Line 1400 型播种生产线

图 4-10 为荷兰 VISSER 公司生产的 Granette2000Tex 型双排针式播种机。该播种机可以使用可编程 TEX 电脑进行多种播种模式的设置并储存在机器中。Pro-Kit 模块可以存储更多的设置，如吸嘴的真空度、播种棒的振动和种子料斗的振动。凭借独特的喷嘴设计，Granette 播种机的播种精度非常高。喷嘴具有独特的自清洁机构，在每个播种周期后都会进行自清洁，减少了吸嘴的堵塞。如果堵塞比较严重，无法通过自清洁解决，监控系统会发出报警，从而减少漏播率，提高播种精确度。

图 4-11 为荷兰 VISSER 公司生产的一种机器人播种机，主要用于小批量种子的播种。该播种机的特点是可以将不同的种子播种在同一个穴盘上。而且种子的播种位置可以根据不同的穴盘规格使用播种机上的软件通过编程来确定，并储存在程序中。机器人播种机播种灵活性更高，可以满足一些有特殊播种需求的工作。

图 4-10 Granette 2000Tex 型双排针式播种机　　图 4-11 机器人播种机

综上所述，国外穴盘育苗播种机设备种类齐全，产品技术成熟，作业效率高，智能化程度较高。

（二）国内研究现状

相比国外对穴盘育苗播种机的研究，国内的研究起步较晚。"八五"期间，农业部和科技部先后将穴盘育苗技术研究列为重点科研项目，在全国建立五大穴盘育苗示范基地，全国的农机化科研单位和生产企业也跟进研究相关技术，研发出了多种穴盘育苗播种机，使我国的穴盘育苗播种机得到了快速的发展，减少了与国外的差距。

图 4-12 为江苏大学设计研制的磁吸滚筒式播种机，播种前需对待播种子

进行包衣处理，使其表面均匀包裹一层磁粉。与气力式播种机相比，磁吸式播种机在播种非球形种子时具有很大的优势，能保证较高的播种精确度。播种效率能达到 300 盘 /h。

图 4-13 为浙江博仁工贸有限公司生产的半自动板式播种机，该机采用机械手臂摆动装置，操作灵活方便。播种时一次 1 盘，播种效率大于 300 盘 /h。适用于粒径在 0.3 mm 以上的种子，根据种子粒径的大小配备不同规格的播种盘，实用性较强。此类播种机不适合播种粒径较小的种子，因为播种机在播种时一次一盘，小粒径的种子容易一孔被吸多粒，造成重播率较高。而且对种子的形状要求较高，适合播种球形种子，对于形状不规则的非球形种子，在吸种时种子与吸孔的贴合效果较差，吸力不稳定，容易造成漏播。对于黄瓜这种扁长的种子，当种子尖端部靠近吸孔时，一个吸孔容易吸到两粒，造成重播。

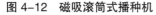

图 4-12　磁吸滚筒式播种机　　　　图 4-13　半自动板式播种机

图 4-14 为浙江博仁工贸有限公司生产的气吸滚筒式穴盘育苗播种机，播种效率可达 1 000 ~ 1 200 盘 /h，对于球形或丸粒化种子，播种精度可达 99%。对于非球形种子，播种精度为 95% ~ 97%。播种滚筒具有较好的防堵塞功能，可以通过控制面板调节播种速度、开关气泵和吹边气阀，非常方便快捷。

图 4-15 为台州一鸣设备有限公司研发的气吸针式穴盘育苗播种机，采用的是单排针式排种结构，播种效率为 360 盘 /h。相比滚筒式育苗播种机结构简单，整机体积较小，占用生产场地面积小，还可以很好地控制生产成本，机器价格相对较低。

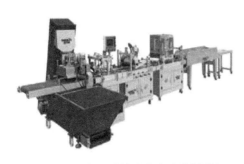

图 4-14　气吸滚筒式穴盘育苗播种机　　　　图 4-15　气吸针式穴盘育苗播种机

（三）典型机械化育苗生产线

1. 2XB-400 型播种育苗生产线

2XB-400 型播种育苗生产线如图 4-16 所示。该生产线包括基质筛选→基质混拌→基质提升混装料箱→穴盘装料→基质刷平→基质压穴→精量播种→穴盘覆土→基质刷平→喷水等工艺过程。该生产线可对 72 孔、128 孔、288 孔和 392 孔穴盘进行精量播种，播种准确性高于 95%。对丸粒种子粒径要求分别为 4 ~ 4.5 mm 的大粒种子和 2 mm 左右的小粒种子或圆形自然种子，可播种除黄瓜以外的各种蔬菜、花卉和某些经济作物种子。其纯工作时间生产率为 8.8 盘 /min。

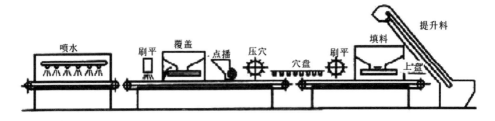

图 4-16　2XB-400 型播种育苗生产线

工作时，操作工人把穴盘接连不断地送到机器的传送带上，生产线就能自动完成填充基质材料、刷平，在穴盘的每个穴中央压出一个浅坑，同时也把基质压实。播种器受光电控制，精确地在每个穴的浅坑中央点播一粒种子，接着再覆盖薄薄一层轻基质（如蛭石），以盖住种子并遮挡日光直射，最后把穴盘表面多余的基质刮平并喷水。

2.2BSP-360 型蔬菜育苗播种流水线

2BSP-360 型蔬菜育苗播种流水线主要由播种装置、填土装置、喷水机械、传动机械、机架及辅助设备等六部分组成，此外还配备有碎土筛土机和混土机，如图 4-17 所示。

当苗盘通过填土部件下方时，填土机构由平输送带均匀地向盘内填土，然后进入喷水装置的下方。

该装置的水泵从机架旁边的水箱中抽水，流经管道进入喷水管。喷水机构以强力喷射方式，形成水帘喷射在苗盘内。随着苗盘的前进，水渗入基质内，当运行到排种部件下方时，基质表面已无明水。这时启动播种和覆土机构，完成播种和覆土作业。最后由人工将苗盘放到运苗车上，送至温室。

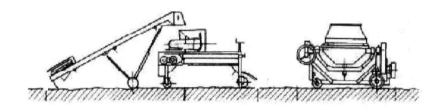

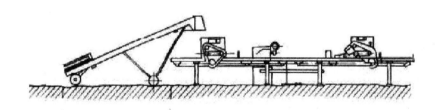

图 4-17　2BSP-360 型蔬菜育苗播种流水线

三、穴盘育苗机械

培育健壮的秧苗是蔬菜生产的重要环节，秧苗的质量直接影响到后期的嫁接和移栽效果。育苗方式主要有穴盘育苗和基质块育苗两种。育苗过程所用的机械装备涵盖基质处理成型、穴盘播种、催芽育苗、嫁接育苗、成苗转运等环节，本节侧重介绍精量穴盘播种、嫁接育苗、基质块育苗方面的机械。

（一）技术特点

1. 穴盘育苗播种机

蔬菜穴盘育苗播种机根据排种器的工作原理可分为机械式、磁吸式和气吸式三种。由于机械式穴盘育苗播种机对种子损伤较大，目前应用很少。现主要对磁吸式和气吸式穴盘育苗播种机进行介绍。

（1）磁吸式穴盘育苗播种机　磁吸式穴盘育苗播种机主要由滚筒、磁吸头、种箱、穴盘传送带和电机组成。工作时，排种器上的磁吸头接通直流电，磁吸头产生稳定磁场，当磁吸头转到种箱位置时，种箱放有磁粉包衣的种子会在磁力作用下吸附在磁吸头上，当吸有种子的磁吸头运动到滚筒下方的穴盘处时，电流被切断，种子由于失去磁力的作用，会在重力和离心力的作用下落入穴盘。

磁吸式穴盘育苗播种机能够播种多种类型的种子，播种不同的种子时，只需要改变电流的大小来调节磁力的大小以适应不同千粒质量的种子，不需要更换滚筒，操作非常方便。但是，在播种前需要对种子进行磁粉包衣处理，而且对种子包衣的质量要求较高。种子包衣质量的好坏直接影响播种机的工作性能，同时也会增加生产成本。

（2）气吸式穴盘育苗播种机　气吸式穴盘育苗播种机，其排种器的主要工作部件为吸嘴。当吸嘴运动到种箱时，气泵给吸嘴提供负压，将种子吸附在吸嘴上；当吸嘴运动到穴盘上方时，吸嘴气压由负压切换为正压，种子在气流和自身重力作用下落入穴盘中。

气吸式穴盘育苗播种机的伤种率很低（接近于0），不需要对种子进行特殊处理，可以直接播种。播种机通过更换不同的吸嘴，可以播种不同种类的种子；气吸式穴盘育苗播种机工作时，尽量避免吸嘴发生堵塞，吸嘴一旦发生堵塞会严重影响播种机的工作性能。目前气力式播种机播种圆粒种子的效果最好，播种非圆粒种子的效果稍差。

穴盘育苗播种机多采用气吸式，根据吸种工作部件结构形式的不同分为针吸式、滚筒式、盖板式三类，按自动化程度又可以分半自动和全自动两类，针吸式和滚筒式穴盘播种机可以配备穴盘供给、填装床土、压实和淋水作业装备，组成穴盘育苗流水线。

（3）针吸式穴盘育苗播种机　针吸式穴盘育苗播种机工作时，针式吸嘴管在摆杆气缸的带动下，在种盘和排种管之间往复运动。当吸嘴管到达种盘上方时，真空发生器产生真空使吸嘴管空腔内形成负压，将种子吸附在吸嘴上；当吸嘴管到达排种管的上方时，真空发生器产生正压气流，将种子吹落到排种管，种子沿排种管落入穴盘中。针吸式穴盘育苗播种机配备有多种不同规格的针头，在播种时，根据种子的形状、尺寸来选择合适的针头进行播种。其主要特点是操作简单、适用面广，从极小的种子到大种子均可，播种速度可达 2 400 行 /h，能在各种穴盘、平盘或栽培体中播种，并可进行每穴单粒、双粒或多粒形式的播种。

针吸式穴盘育苗播种机也存在一些问题，主要缺点是针管又细又长，吸嘴容易被种子中的杂质堵塞，而且堵塞后很难清除杂质。吸嘴一旦被堵塞，不仅会影响播种精度，也会对生产效率产生较大影响。由于排种器的主要工作部件——吸嘴管运动形式为往复运动，其工作时要克服自身的惯性力，因此这也使得针式播种机的工作效率不会太高。为了保证较高的工作效率，由原先的单排针吸式穴盘育苗播种机逐渐发展成一部分双排针吸式穴盘育苗播种机，提高了工作效率。

（4）滚筒气吸式穴盘育苗播种机　滚筒气吸式穴盘育苗播种机由带吸嘴的滚筒进行播种，滚筒的线速度与穴盘传送带的速度相同，可以实现连续运动，相比针吸式穴盘育苗播种机的间歇式运动，滚筒气吸式穴盘育苗播种机在工作效率上有很大的提高。播种滚筒分为负压吸种区、正压排种区和正压清孔区，而且吸种区、排种区和清孔区的位置是固定的，不随滚筒转动而改变。滚筒外部沿母线方向分布有多排吸嘴，吸嘴随滚筒一起转动，每排吸嘴依次经过吸种区、排种区和清孔区，完成一个完整的排种过程。当吸嘴运动到吸种区时，吸种区为吸嘴提供负压，吸嘴经过种盘时，种子会被吸附在吸嘴上；当种子到达穴盘上方的排种区时，吸嘴与排种区接通受到正压，此时种子受到正压气流的作用落入下方的穴盘；最后，吸嘴运动到清孔区，清孔区提供更强的正压气流，对吸嘴孔进行冲洗，准备下一次吸种工作。滚筒气吸式穴盘育苗播种机的主要特点是播种效率高，可达 600 ~ 1 200 盘 /h，适用于常年生产某一种或几种特定品种的大型育苗企业进行大批量生产，适于绝大部分花卉、蔬菜等种子的播种。

（5）盖板式穴盘育苗播种机　工作原理是针对规格化的穴盘，配备带有相应吸孔的播种盘，工作时真空泵给播种模板提供负压，将种子吸附到播种模板，然后整盘对穴，并在盘内形成正压释放种子，达到播种的目的。根据种子形状、大小和种类，每种规格的播种机配有不同型号的播种模板。该类播种机的主要特点是一次播种 1 盘，具有价格低、操作简单的优点，适用于较小规模的生产，适于绝大部分穴盘和种子。由于排种器为板式结构，播种模板面积较大，内部气压分布不均匀，导致各个穴孔气压不稳定，播种均匀性和精确性较差。

（二）代表机型

1. 矢崎 SYZ-S300W 精密育苗播种机（图 4-18）

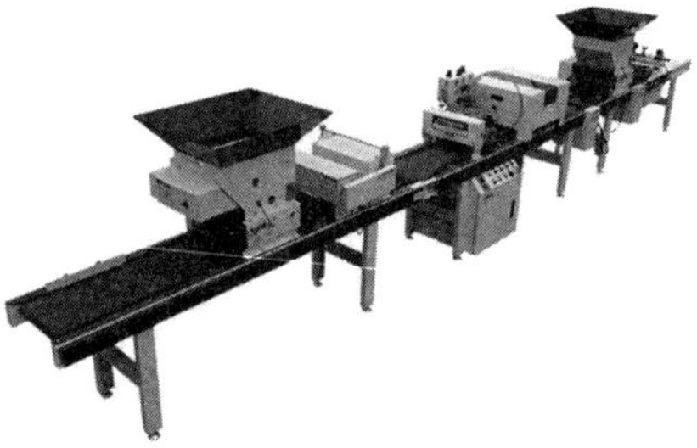

外形尺寸：5 870 mm × 680 mm × 1 160 mm

整机重量：170 kg

电源：单相 220V，50 Hz

图 4-18　矢崎 SYZ-S300W 精密育苗播种机

生产效率：60 ~ 700 盘 /h

适用范围：花卉、蔬菜、烟草、包衣等种子

播种粒数：可调（每孔可进行 1、2、3 粒播种的切换）

播种列数：可调（可进行同时 1、2、4 行播种的切换）

穴盘行数：8 ~ 14 行，最大宽度 30 cm，宽度 3 ~ 6 cm

主要功能：铺床土，镇压，平土，压穴，播种，覆土，灌水

2. 博仁 2YB-500-GT 蔬菜花卉精量播种流水线（图 4-19）

生产效率（盘 /h）：1 000

播种精度：95% ~ 99%

作业功能：铺底土，播种，洒水，覆土

图 4-19　博仁 2YB-500-GT 蔬菜花卉精量播种流水线

3.YPSILON65C 蔬菜育苗流水线（图 4-20）

整机重量：1 350 kg

装机功率：8 kW

工作效率：600 盘 /h

秧 盘 尺 寸：750 mm ×

400 mm

图 4-20　YPSILON65C 蔬菜育苗流水线

秧盘取土装置：容量 700 L，带有搅拌器

穴盘打孔装置：可最小打 0.15 mm 的孔

播种装置：根据种子的尺寸制作

主要特点：拥有覆土装置、浇水装置，有 5.7 in（1 in=2.54 cm）的彩色触屏控制板。

4. 风雷 2BXP-1000 育苗播种机（图 4-21）

外形尺寸：1 140 mm × 630 mm × 840 mm

穴盘规格：540 mm × 280 mm

作业效率：300 盘 /h

播种合格率：95% ~ 98%

可配穴盘规格：288、200、128、105、

98、72、50、32 孔

四、基质块育苗机械

图 4-21　风雷 2BXP-1000 育苗播种机

（一）技术特点

基质型营养块育苗是以优质泥炭为主要原料，辅以缓释、控释配方肥，采用定向压缩回弹膨胀技术生产的营养均衡、理化性状优良、水气协调的育苗基质块，它集基质、养分、容器为一体，带基定植、无需缓苗是它的特点。另外，基质块育苗还利于人工快速取苗和投苗，提高移栽效率。

基质块成型育苗机械有大型液压式和小型机械式两种。液压式成型设备一次可冲压多个基质块，有的机型还有在基质块的凹坑中自动播种的功能，但这类机械价格较高，一次性投入较大，只适合较大规模的育苗厂或专业基质块加工厂购买使用。另一种是小型机械冲压式的基质块成型机。

（二）代表机型

华兴 2ZB-100 型方体基质块育苗机（图 4-22）

基质块尺寸：40 mm × 40 mm × 40 mm

苗盘尺寸：690 mm × 440 mm，每盘 126 株

生产效率：每小时 4.2 万株

适用范围：可播种蔬菜、烟草、玉米、棉花、花卉等多种作物种子

主要功能：自动完成压缩、打孔、切块、精量播种、均匀覆盖、营养钵提取、装盘、苗盘自动退出等动作

图 4-22　华兴 2ZB-100 型方体基质块育苗机

五、嫁接育苗机械

（一）技术特点

嫁接育苗机械是一种完成蔬菜自动嫁接作业的机械装置，有全自动和半自动两种型号。目前总体来说，国内外的各型嫁接机作业速度不够快，且购置成本高，对育苗的要求严，限制了其推广应用。国内嫁接苗生产中多选用辅助器械、人工嫁接。

（二）代表机型

北京 TJ-600 型通用蔬菜嫁接机（图 4-23）

图 4-23　北京 TJ-600 型通用蔬菜嫁接机

生产效率：600 株 /h

操作人数：2 人

嫁接成功率：≥ 95%

适用范围：黄瓜、辣椒、甜椒、茄子、西瓜

六、筛土机械

（一）技术特点

床土整理筛选机适用于播种流水线育苗床土的加工，集床土粉碎、搅拌和筛选为一体，采用全封闭结构，使土和石头在机器内部自动分离，保证了操作人员的安全，能保证设备输出的床土颗粒在 0.1 ～ 0.5 mm 范围内，还可根据用户要求定制；完全符合育苗床土的要求。

（二）典型机型技术参数

CL-5XY-40 圆筒式床土整理筛选机（图 4-24）

外形尺寸：1 450 mm × 510 mm × 830 mm

整机重量：175 kg

配套动力（三相电）：3 kW

落料形式：惯性重力落料

圆筒筛直径：370 mm

生产效率：4 t/h

图 4-24 CL-5XY-40 圆筒式床土整理筛选机

第五章　土地耕整

第一节　土壤耕作技术

土壤耕作就是在作物整个生产过程中，通过农机具的物理机械作用，改善土壤的耕层结构和地面状况，包括耕翻、耙地、做畦、起垄、中耕、培土等。土壤耕作的主要作用是通过机械作用创造良好的耕作层和孔隙度，协调土壤中水、肥、气、热等因素，改善土壤环境，为作物播种出苗、根系发育、丰产丰收创造优良条件。

一、土壤耕作的任务

（一）改善耕层物理性质

土壤耕作可使土壤耕层疏松，土壤总孔隙和非毛细管孔隙增加，从而增加土壤的透水性、通气性和保水性，提高土壤温度，促进土壤微生物活动，加速土壤有机物分解，提高土壤中有机养分含量，改变耕作层土壤的气、液、固三相比例，调节土壤的水、肥、气、热等状况。

（二）保持耕层团粒结构

团粒结构是土壤肥力的基础，它能协调土壤中水分、空气和营养物之间的关系，改善土壤的理化性质。通过土壤耕作，既破坏土壤板结，又可以使耕层上层丧失结构性的土壤和下层具有较好结构的土壤交换，从而使耕层团粒结构得以保持。

（三）正确翻压绿肥、有机肥

土壤耕作过程中，正确翻压绿肥、有机肥以及无机肥，创造肥、土相融的耕层，促进其分解转化，可以减少肥料的损失，增加土壤肥效，改良土壤的理化性质。

（四）清除田间枯枝败叶

结合土壤耕作，可以清除田间残根、杂草、残株落叶等，消灭多年生杂草的再生能力。

（五）掩埋带菌体及虫卵

深翻可以掩埋带菌体及虫卵，改变其生活环境，减轻蔬菜病虫害，保持田间清洁。

（六）平整土地与压紧表面

通过土壤耕作，平整土地与压紧表面为蔬菜播种、种子发芽、幼苗定植等创造"上松下实"的优良生长环境条件。

二、土壤耕作时间

菜地耕作的时间与方法应因时、因地而异，要考虑其宜耕性。从耕作时间上来看，大体分为春耕与秋耕。此外，蔬菜生长期间需要进行适当的中耕或培土。

（一）土壤的宜耕性与宜耕期

土壤的宜耕性是指土壤适宜耕作的性能，是土壤在耕作时所表现的物理机械性状。当土壤处于宜耕状态时，犁耕阻力小，耕作容易，土壤易散碎，耕作质量好。土壤耕性好坏主要从耕作难易、耕作质量、宜耕期的长短三个方面来衡量。由于土壤质地和含水量不同，不同的土壤类型具有不同的可塑性，农业耕作只有在一定的可塑性范围内才具有好的效果，这个可塑性范围所保持的时期即为土壤的宜耕期。

目前生产中确定土壤宜耕期的办法有：一是看土色，外表白（干），黑暗（湿），湿度适宜；二是用手检查，取一把土壤握紧再放开手，看土是否松散开，能散开即为土壤宜种状态；三是试耕后土壤为犁铧抛散形成团粒，不黏农具。土壤宜耕期除水分条件外，还决定于土壤质地，黏质土宜耕期短，沙性土则相反。

（二）耕作时间

冬季寒冷的北方地区，秋耕与春耕表现比较明显，但在长江以南的南方地区，冬季温暖，几乎全年都能栽培蔬菜，一般随收随耕，可根据茬口安排适当动垄或晒垄，地面少有休闲时期；而在高度应用套作、间作增加复种指数的地区，一般每年只翻耕一次。一般秋冬季进行深耕，但不一定年年深耕，可结合改土同时进行。春耕主要注意提高土温，宜早、宜浅；夏耕则要注意保墒，避免在干旱条件下不合理耕作对土壤结构造成破坏。

三、土壤耕作方法

耕作内容主要有耕翻、耙地、耢地、混土、整地、作畦、中耕等耕作方法；应抓住三个主要环节：基本耕作，深耕（耕翻）；表土耕作，耙、耢；中耕，于蔬菜生长期间在行间和株间的松土或培土。

（一）土壤深耕

实践证明，深耕可以加厚活土层，疏松土壤，破除犁底层，降低毛细管作用，减少蒸发，防止返盐，提高土壤的透水性，增强土壤蓄水、保肥、抗旱、抗涝能力，还有利于消灭杂草和病虫害。但深耕增产并非越深越好，在 0 ~ 50 cm 范围内，作物产量随深度增加而有不同程度的提高，就根系分布来看，蔬菜属于浅根系作物，根系主要集中在 0 ~ 20 cm 范围内；用一般农具人工翻地，耕翻深度在 25 cm 以下，用机械耕深可达 30 cm 以上。

在深耕时应注意以下几点：一是熟土在上，生土在下，不乱土层，切记不要把大量生土翻上来；二是深耕的良好作用可持续 1 ~ 2 年，因比不需要每年进行，可实行深耕与浅耕结合，既可减轻劳动强度，又可使耕层土壤得以持续利用；三是深耕应与土壤改良措施相结合，在耕翻过程中增施有机肥、翻沙压淤等，使肥土相融，加厚活土层；四是根据壤情特性、茬口情况及深耕后效等情况确定深耕的深度，如土层深时可适当深耕，土层浅时可适当浅耕，根菜类、茄果类、瓜类、豆类蔬菜宜深耕，白菜类、绿叶菜类可适当浅些；五是深耕要注意宜耕性，不能湿耕，因此要选择适宜的耕作期，多在秋茬蔬菜收获后进行，要尽量减少机车作业次数。

（二）表土耕作

表土耕作是基本耕作的辅助措施，主要包括耙地、耢地、压地三项作业。

1. 耙地

其作用是疏松表土，耙碎耕层土块，解决耕翻后地面起伏不平，使表层土壤细碎，地面平整，保持墒情，为做畦或播种打下基础。一般用圆盘耙在耕翻后连续进行。

2. 耙地

耙地是北方干旱地区常用的一种方式，南方地区较少使用，多在耙地后进行，也可与耙地联合作业，在耙后拖一树枝条编的耱子即可耱地。它可使地表形成覆盖层，为减少土壤水分蒸发的重要措施，同时还有平地、碎土和轻度镇压的作用。

3. 镇压

用镇压器镇压地面，主要有播前镇压和播后镇压。土地耕翻耙平后进行播前镇压，主要作用为压碎残存土块，平整地面；适当提高土壤紧密度；调节土壤通气和温度状况，并通过增强毛细管作用而增加耕层含水量，为播种创造良好的土壤环境。北方干旱地区和南方部分丘陵旱地，采用镇压措施对提墒、保苗有明显效果。播后镇压在播种后进行，作用是压碎播种时翻起的土块，使种子覆土均匀，种子与土壤密接，以利幼苗发根，增强耐旱力，并可减少地面蒸发和风蚀。但如土壤墒情及土壤细碎程度适宜时，可免除这一工序，水分含量较大的土壤或地下水位较高的下湿地、盐碱地，则不宜镇压。

（三）中耕与培土

中耕、除草是蔬菜生长期间土壤管理的重要环节，能否及时进行中耕除草是保证蔬菜作物在田间生长中占绝对优势的关键。农业生产上，中耕、除草、培土多结合进行。

1. 中耕

中耕是蔬菜生长期间于播种出苗后、雨后或灌水后在株、行间进行的土壤耕作。中耕多与除草同时进行，可以消灭杂草，同时可以改善土壤的物理性质，增强通气和保水性能，促进根系的吸收和土壤养分的分解；冬季和早春中耕有利于提高土温，促进作物根系的发育，减少土壤水分蒸发。

中耕的深度根据蔬菜根系的分布特点和再生能力决定，如黄瓜、葱蒜类根系较浅，再生能力弱，应进行浅中耕；西红柿、南瓜根系较深，再生能力强，宜深中耕。最初及最后的中耕宜浅，中间的中耕宜深；距植株远宜深，近则宜浅，一般中耕的深度在 5 ~ 10 cm。中耕的次数则依据蔬菜种类、生长期长短及土壤性质而定，但必须在植株未全部覆盖地面之前进行。

2. 除草

通常，田间杂草的生长速度远远超过蔬菜作物，且生命力极强，如不及时除掉，就会大量滋生，不仅会与作物竞争水分、养分和光照，还会成为某些病原微生物的潜伏场所和传播媒介。除草的方式主要有三种。

（1）人工除草　多结合中耕进行，用小锄头在松土的同时将杂草铲除，比较费工、费时。

（2）机械除草　以中小型机械为主，效率高，但容易伤害植株，且只能除行间的杂草，除草不彻底，需要人工除草作为辅助措施。

（3）化学除草　采用化学药剂除草，可减轻繁重的体力劳动，且可以不误农时。适时使用除草剂是决定防除效果的关键，一般在蔬菜出苗前和苗期应用，以杀死杂草幼苗或幼芽而不影响蔬菜作物正常生长发育为原则，因此需要了解各种杂草的生物学与生态学特性，掌握其发生规律和生长发育特点。一般利用除草剂的生态选择性、生理选择性和生物化学选择性进行除草，而目前化学除草剂种类很多，应根据蔬菜种类选择恰当的除草剂，如十字花科蔬菜常用除草醚、氯乐灵、毒草胺等乳油，茄果类常用地乐安、除草醚、拿扑净等乳油。目前菜田化学除草常用土壤处理法，即将药剂施入土壤表层进行除草，较少应用茎叶处理法。

3. 培土

培土是在植株生长期间将行间土壤分次培于植株根部，一般结合中耕除草进行。南方多雨地区，通过培土可以加深畦沟，利于排水。

培土对不同种类的蔬菜有不同的作用，大葱、芹菜、韭菜等培土可以促进植株软化，提高产品品质；马铃薯、芋、生姜等培土可促进地下茎的形成和膨大；易发生不定根的西红柿、瓜类等，培土则可促进不定根的形成，促进根系对土壤养分和水分的吸收；此外，培土还有防止植株倒伏、防寒、防热的作用，有利于加深土壤耕层，增加空气流通，减少病虫害发生。

（四）整地做畦

土壤翻耕之后，还要进行整地做畦，目的主要是为了控制土壤中的含水量，便于灌溉和排水，另外对土壤温度、空气条件也有一定改善，还可以减轻病虫害发生。结合整地做畦，施入基肥（主要是有机肥）是生产中常采用的方式，为了减少病虫害发生，通常还要进行土壤消毒。

1. 菜畦主要类型

结合当地气候条件（主要是雨量）、土壤条件、蔬菜种类等选择相适宜的菜畦形式。生产上常见的菜畦类型有：平畦、高畦、低畦和垄等。

（1）平畦　畦面与田间通道相平，地面平整后不特别筑成畦沟和畦埂。适宜排水良好、雨量均匀、不需经常灌溉的地区。采用喷灌、滴灌、渗灌等现代灌溉方式时也可采用平畦，平畦的主要优点是减少畦沟的所占面积，提高土地利用率。南方雨水多、地下水位高的平地不宜采用。

（2）高畦　畦面高于田间通道。在降雨多，地下水位高或排水不良的地方，为了加强排水减少土壤水分，多采用高畦，如成都平原地区。畦面过高过宽，灌水时不易渗到畦中心，容易造成畦内干旱；畦面过宽也不利于排水；畦面过窄则增加畦沟数目，减少土地利用面积。南方多雨地区或地下水位高、排水不良的地区多采用深沟宽高畦，一般畦面宽 1.8 ~ 2 m，沟深23 ~ 26 cm、宽约 40 cm。北方地区干旱，浇水多，多采用深沟窄畦，一般畦面高 10 ~ 15 cm、宽 60 ~ 80 cm。

高畦的主要优点在于：一是加厚耕层；二是排水良好，土壤透气性好，有利于根系发育；三是灌水不超过畦面，可减轻通过流水传播的病害蔓延；四是提高地温，有利于早春蔬菜及茄果类、瓜类、豆类等喜温蔬菜生产；五是南方夏季采用深沟高畦，沟内存水可降低地温。

（3）低畦　畦面低于地面，田间通道高于畦面。适宜于地下水位低、排水良好、雨量较少的地区或季节，如秦岭淮河以北地区。栽培密度大且经常灌溉的绿叶蔬菜、小型根菜栽培畦及蔬菜育苗畦等，也多用低畦。低畦的主要优点是有利于蓄水和灌溉；缺点是灌水后地面容易板结，影响土壤透气而阻碍蔬菜生长，也容易传播病害。

（4）垄　垄是一种较窄的高畦，表现为底宽上窄，垄面呈圆弧形，一般垄底宽 60 ~ 70 cm，顶部稍窄，高约 15 cm。我国北方地区多用垄栽培行距较大又适用于单行种植的蔬菜，如大白菜、大萝卜、结球甘蓝、瓜类、豆类等。用于春季栽培时，地温容易升高，利于蔬菜生长；用于秋季蔬菜生长时，有利于雨季排水，且灌水时不直接浸泡植株，可减轻病害传播。灌水时水从垄的两侧渗入，土壤湿度较高畦充足而均匀。

2. 做畦技术

做畦一般与土壤耕作结合进行，在土壤耕翻后，根据栽培需要确定合理的菜畦类型及走向，按照栽培畦的基本要求做畦。

畦的走向。畦的走向直接影响植株的受光、光在冠层内的分布、通风情况、热量、地表水分等，应根据地形、地势及气候条件确定合理的畦向。在风力较大地区，行的方向应与风向平行，利于行间通风及减少台风危害；地势倾斜的地块，应以有利于保持土壤水分和防止土壤冲刷为原则来确定畦向。当植株的行向与栽培畦的走向平行时，冬春季栽培应采用东西走向，植株受光较好，冷风危害较轻，有利于植株生长；夏季则多采用南北走向做畦，可使植株接受更多的阳光和热量。

畦的基本要求：

第一，土壤要细碎：整地做畦时，保持畦内无垃圾、石砾、薄膜等各种杂物，土壤必须细碎，从而有利于土壤毛细管的形成和根系吸收。

第二，畦面应平坦：平畦、高畦、低畦的畦面要平整，低洼处则易积水。否则浇水或雨后湿度不均匀，导致植株生长不整齐，垄的高度要均匀一致。

第三，土壤松紧适度：为了保证良好的保水保肥性及通气状况，做畦后应保持土壤疏松透气，但在耕翻和做畦过程中也需适当镇压，避免土壤过松，大孔隙较多，浇水时造成塌陷，从而使畦面高地不平，影响浇水和蔬菜生长。

第二节　土地机械化耕整技术

耕整是传统农耕的一项重要措施，有利于疏松土壤，恢复团粒结构，积蓄水分、养分，覆盖杂草、肥料，防止病虫害。整地是耕地作业后，耕层内还留有较大土块或空隙，地表不平整不利于播种或苗床状况不好时，采取的破碎土块，平整地表，进一步松土，混合土肥，改善播种和种子发芽条件的耕作措施。深松作为现代土壤耕作的一项重要技术，在国内外受到重视。

一、耕整机械概述

（一）土壤耕作机械

土壤耕作机械，是指对耕作层土壤进行加工整理的农业机械。主要包括基本耕地机械和表土耕作机械（又称辅助耕作机械）两大部分，前者用于土壤耕翻或深松耕，主要作业机具有铧式犁、圆盘犁、凿式松土机、旋耕机等；后者用于土壤耕翻前的浅耕灭茬或耕翻后的耙地、耢地、平整、镇压、打垄做畦等作业，以及休闲地的全面松土除草和蔬菜生长期间的中耕、除草、培土等作业，主要作业机具有钉齿耙、圆盘耙、平地拖板、网状耙、镇压器、中耕机等。为了提高作业效率，近年来复式作业和联合作业机具发展很快。

不同类型的土壤耕作机械，适应不同地区不同的土壤、气候和作物条件，满足不同条件下的不同耕作要求。如在干旱、半干旱地区，为保持土壤水分，防止水土流失，宜采用土垡不翻转的深松耕机械，如凿式松土机；在湿润、半湿润地区，宜采用具有良好翻垡覆盖性能的耕作机械，如滚垡型铧式犁；土质黏重或水田地区的土壤耕作宜采用剪裂断条、碎土性能良好的耕作机械，如窜垡型铧式犁、旋耕机等。

此外，为了适应新的耕作方法——少耕法的需要，推广使用了凿形犁、通用耕作机及深松播种施肥联合作业机，以降低耕作能耗，避免土壤因过度耕作而引起的结构破坏，防止水土流失。

（二）蔬菜耕整地机械

蔬菜耕整地机械分单项作业机具和复式作业机具，单项作业机具有铧式犁、翻转犁、深松机、旋耕机和圆盘耙等；复式作业机具有旋耕起垄机、旋耕起垄覆膜机和旋耕精整作业机等。

蔬菜耕整地作业包括深耕、碎土、起垄（整形）、开沟（作畦）、施肥、覆膜等环节，其作业质量要求远比一般粮食作物要高，不仅要保持合理的耕层土壤结构，而且要垄平沟直，为后续直播、移栽、田间管理和收获的机械化作业做准备。如机械播种、移栽作业等环节要求田块土壤细碎、垄面平整。我国蔬菜生产各环节中耕整地环节机械化水平相对最高，机械化耕地得到广泛应用，但作业效率和质量有待提高。国外发达国家的经验表明，标准化和高质量的整地是蔬菜机械化生产的前提和基础，土壤平整度和细碎度是否符合标准，直接影响蔬菜精量直播和机械移栽技术能否合理应用。规范的耕层土壤结构是蔬菜高产的前提和保障，这是区别于其他传统作物的蔬菜耕整地机械的特定要求。

（三）国内外蔬菜耕整地机械现状

我国现有的大田蔬菜耕整地作业装备通常采用其他作物的大中型拖拉机配套旋耕机，作业机具功能单一。日光温室和钢架大棚一般采用微耕机和手扶拖拉机，动力偏小，作业效率低。目前国内大棚蔬菜整地作业以耙为主，温室大棚内缺乏专用机具作业，大多为人工起垄。旋耕起垄施肥机等复式作业机具技术相对成熟，在大田主要农作物生产中运用较多，垄高一般为 10 ~ 15 cm，但不能满足部分蔬菜的高起垄要求。旋耕起垄通常采用双轴作业，整机体积大、结构复杂，不适宜小田块的蔬菜生产。农业部南京农业机械化研究所研究的适宜钢架大棚和联栋温室作业的设施栽培多功能复式机具，以低地隙四轮拖拉机为动力，配套旋耕起垄施肥等部件，能满足 6 m 大棚的耕整地作业，但可调性需进一步提高。

20 世纪 80 年代后期，日本和韩国研发出系列蔬菜生产专用耕整地机具，包括适宜小型菜地和棚室的旋耕起整一次成型机，大田蔬菜生产专用的集旋耕起垄、土壤消毒、施肥、覆膜于一体的复式作业机和有机肥撒施机等。目前日本将研发重点转向进一步节能降耗、精准作业、提高作业质量等方向，如基于 GPS 的变量施肥机，以适应农业可持续发展要求。

欧洲发达国家在蔬菜耕整地领域研究起步早，技术相对成熟，意大利Hortech 公司生产了两个系列的蔬菜整地机具，AF SUPER 和 AI MAXI。其中，AF SUPER 系列适用于中等质地及轻质土壤，AI MAXI 系列适用于重土壤或土壤表面有石块，即使是在土壤表面有石粒或者是作物残茬的情况下，也能为苗床培育及幼苗移栽创造最佳土壤条件，土壤表层松软，无残茬遗留。

意大利 Roterialalia 公司生产的蔬菜作畦机和法国农天利生产的 F-DB5 系列整理机采用两个刀轴对土壤做预处理，前者松土到 20 ~ 25 cm，后者打碎地表面土块、平整及镇压土壤表面层，使土壤平整、标准化，整地效果佳。

二、耕整地机械结构原理

蔬菜要实现机械化种植与收获，对垄、畦的要求较高，要求土壤细碎疏松，土面平整，这就需要实现机械化起垄。同时，为延长蔬菜种植的季节，促进早熟增产，蔬菜种植采用了地膜覆盖技术。下面重点介绍起垄覆膜机械。

（一）手扶式起垄覆膜机

如图 5-1 所示的悦田 YT10-A 自走式起垄覆膜机（多功能田园管理机）适宜于设施大棚和小田块作业。

图 5-1　悦田 YT10-A 自走式起垄覆膜机

1. 结构与工作原理

手扶自走式起垄覆膜机，由前端的操作扶手、发动机、主变速器、旋耕变速器以及后面的起垄和覆膜装置组成。发动机通过"V"形带轮与主变速器相连，主变速器通过链条把动力传送到旋耕变速器，安装在旋耕变速器下端的碎土起垄刀对已耕整的土壤进行再次打碎和聚土；接着，起垄和覆膜装置对土壤进行整形和覆膜压土作业，从而实现碎土、整形以及覆膜一体的复合式作业。当不需要进行覆膜作业时，可以将覆膜装置手动掀起，就可以单独起垄作业（图 5-2）。

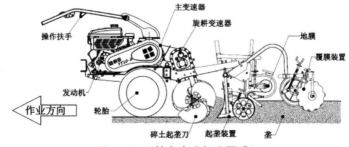

图 5-2　手扶自走式起垄覆膜机

2.操作注意事项

第一，起垄前土地需进行充分耕整，并需测量以确定垄间距。

第二，起垄时，挡位选择倒1挡或倒2挡，具体视土壤状况而定。土质较差时，如水分多、黏性大，作业阻力较大时选择倒1挡；反之，选择倒2挡。旋耕机变速箱选择"正转"挡位作业。

第三，起垄作业时，扶手架反向设置，倒退进行作业，开始时应当盯准方向，放远视线。挡位限位旋钮应固定在"高速停止"位置。

第四，起垄时，稍稍向上抬起扶手架，垄会较好成型。

（二）悬挂式起垄覆膜机

悬挂式起垄覆膜机与拖拉机配套，能够对移栽及播种前的苗床进行精细化的耕整。一性次实现碎土、起垄、覆膜作业。下面以悦田YTLM-100悬挂式起垄覆膜机为例进行介绍（图5-3）。

图5-3 悦田YTLM-100悬挂式起垄覆膜机

1.结构与原理

悬挂式起垄覆膜机与拖拉机挂接，由旋耕碎土部A、起垄整形部B和覆膜压土部C等三部分组成（图5-4）。

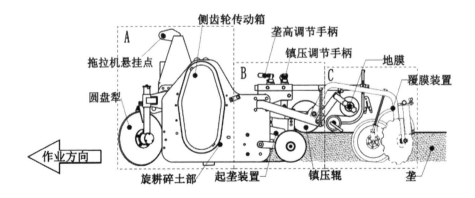

图5-4 悬挂式起垄覆膜机结构示意

（1）旋耕碎土部　作业时，安装在机器前面两侧的圆盘犁，用于将土向中间翻起，以形成垄体。拖拉机 PTO 轴输出的动力通过中间齿轮传动箱传递至侧齿轮传动箱。侧齿轮传动箱带动旋耕刀轴，并使用刀轴按一定的转速进行运转，完成翻耕和碎土的功能。

（2）起垄整形部　起垄装置把土壤聚集成形，通过转动垄高调节手柄可以很好的调节垄形的高低。安装在后面的镇压辊对成型的垄面进行一次滚动压平，使垄面更加平整。也可以根据种植需要调节手柄对垄面的压实进行松紧调节。

（3）覆膜压土部　覆膜部分的撑膜轮可将膜撑开贴于垄面上，保证膜与垄面贴切。而垄两侧的压膜轮将膜的两边压在垄底，覆土轮在膜两边覆土压住膜的边缘以防膜被风吹开。当只需要起垄作业而不需要进行覆膜时，可以将覆膜臂装置手动掀起，就可以单独起垄作业。

2. 维护保养

（1）日常保养　检查是否漏油，检查拧紧各连接螺栓、螺母，检查放油螺塞有无松动。检查各部位插销有无缺损，及时添补。检查刀片是否缺损，必要时补齐。检查齿轮箱齿轮油，缺油时及时添加。旋耕刀轴的轴承部黄油杯，要及时加注黄油。万向节、三点悬挂处的黄油杯缺油时，及时填加。

（2）季节性保养　更换齿轮油。刀轴两端轴承拆开清洗，并加足黄油，必要时更换油封。检查齿轮各轴承间隙及锥齿轮啮合间隙，必要时调整。检查刀片是否过度磨损，必要时更换。

（3）长时间不用的保养　将机器清洗干净，所有磨损掉漆的部位，除锈后，重新涂漆，工作摩擦的地方，涂黄油或防锈油。应抬起覆土臂，使压膜轮离地，防止压膜轮变形。圆盘犁应调高，与地面不接触，防止长时间负荷变形。

三、蔬菜耕整地环节的农艺要求

蔬菜耕整地作业环节，包括平整土地、土壤耕作（犁耕、旋耕）、整地（旋平起垄开沟）、铺膜等环节。其中，起垄、开沟（或作畦）是最主要的环节，其作业质量关系到后期蔬菜播种、移栽和田间管理等机械的作业质量。

目前用于蔬菜起垄开沟（或作畦）的作业机具有开沟机、起垄机和蔬菜联合整地机等，通过松土、垅土、成型和镇压等过程，使土垄形成预定形状，符合蔬菜栽植要求。

（一）蔬菜整地特点及工序

蔬菜作物种类较多，农艺要求千差万别，导致蔬菜垄型结构多种多样。蔬菜生产的整地环节目前以精细化作业为主，对土壤的碎土率、耕深稳定性、垄体表面平整度和直线度等作业指标都提出了较高的要求。

蔬菜起垄主要工序为：起垄前整地——精细旋耕——起垄——镇压。其中在整地环节根据种植蔬菜品种的耕深农艺要求需辅以深松作业，精细旋耕主要包括粗旋和细旋两个过程。粗旋由弯刀完成，细旋由直刀完成，精细旋耕一般通过复式联合作业机一次作业实现，也可通过普通旋耕机多次作业实现，可由土壤物理特性和含水率确定作业方法。针对难以破碎的黏性土壤，复式联合作业机的作业效果更好，且具有省时省力的优势。

（二）蔬菜起垄作业技术要求

标准化、高质量的整地起垄是实现蔬菜生产全程机械化的基础，不仅有利于各作业环节间的机具衔接配套，也有利于提高后续作业效率。蔬菜生产对整地起垄的总体要求可总结为：浅层碎、深层粗、耕要深、垄要平、沟要宽（根据作物和地理环境有差异）。

1. 起垄前的深耕整地

蔬菜起垄前一般要进行深耕整地处理，保证土壤耕层深厚，一般采用铧式犁、深松机等进行作业。整地的主要目的是细碎土壤、减少起垄的阻力、提高土壤紧实度和起垄质量、改善土壤物理及生物特性，创造适应蔬菜作物生长的良好土壤环境。

2. 起垄机械的选择

根据土壤特性、蔬菜作物的农艺要求和动力匹配等因素选择合理的起垄机械。起垄机具下地前应根据不同的蔬菜作物调整好起垄垄距和垄高。对于栽植深度要求较高的蔬菜品种可选择开沟机，后期再进行二次修整起垄。

3. 作业质量要求

我国目前尚未制定蔬菜起垄规范和起垄机作业质量标准，行业内只对复式联合作业机具提出了具体的指标要求，包括旋耕、起垄、镇压等环节。

蔬菜起垄时耕地含水量为 15% ~ 25%，作业效果最佳。

旋耕深度合格率要求在 85% 以上，垄高合格率达到 80% 以上，碎土率最低要求达到 50% 以上，耕后的地表平整度误差小于 5 cm，垄体直线度误差小于 5 cm。

蔬菜垄型结构多样，根据垄高和垄顶宽的要求，垄侧坡度一般在 50° ~ 70° 之间。具体的垄高要求由蔬菜作物的农艺要求决定，起垄方向要因地制宜。

从蔬菜生长的角度来看，垄向一般以南北方向较好。从机械作业的角度来看，土垄要尽可能长，以减少机具掉头的次数，提高作业效率。

四、黏湿土地耕整作业注意事项

西南地区作业环境相对于其他区域地势高差较大、雨水较多、土质黏湿，土地耕整作业需注意下列事项。

（一）田块选择

一般选择道路条件好、田块较大，机具上下田和田间转移方便，土壤黏度较小、熟化度高，便于农机作业的形状规则的长方形或正方形田块。

（二）作业时机选择

耕整地时，尽量避免大（暴）雨前后作业，大（暴）雨前旋耕土地后，土壤自然排水能力降低，不利雨水渗漏。大（暴）雨后旋耕不易将土壤整碎整细，同时容易破坏土壤团粒结构，造成土壤板结。

（三）机械选择

第一，根据作业质量和田块实际情况，选择不同的机具。

第二，为提高田块利用率，尽可能选择轮距和轮胎断面相对较小的拖拉机为动力。

（三）作业要求

第一，用拖拉机悬挂旋耕机，旋耕土地 1 ~ 3 遍。要求地表平整，土块细碎，土壤疏松，高低差 ≤ 150 mm/ 亩，旋耕深度 100 ~ 150 mm，土块直径 ≤ 30 mm。

第二，旋耕后晾晒 8 ~ 12 h 再进行开沟起垄作业，田块土壤含水率为 15% ~ 25% 时效果最佳。

第三，开沟起垄前，根据田块的基本情况，确定机具的上下田位置和行走路线。

第四，根据不同蔬菜品种种植的农艺要求，按照机具使用说明书对机具进行调试，达到最佳作业状态。

第三节　土地耕整机械

一、平地机械

新建的农场在蔬菜种植前，需要进行土地平整，以便于机械化种植和田间管理。土地平整过去一直采用常规方法，利用平地机和铲运机等机械进行作业，这只能达到粗平。良好的蔬菜地应满足土地平整、不易积水、易于排灌的要求。菜地平整可改善土表情况，有利于改善菜田灌溉情况，提高肥料的利用率，减少病虫害，提高蔬菜产量。土地平整的方法中以激光平地方法应用最为普遍，推广较多。为了进一步提高土地的平整精度，可以利用激光技术高精度平整农田。

（一）功能特点

在平地机上配备激光装置，在作业中与安装在地边适当位置的激光发射器保持联系，即可根据接受激光光束位置的高低，自动调整平地铲的高低位置，即切土深度，从而大大提高平地质量。

（二）代表机型

JP250 型激光平地机（图 5-5）

外形尺寸：3 000 mm × 2 650 mm × 3 650 mm

整机重量：800 kg

工作幅宽：2 500 mm

配套动力：80 kW

平整度：±15 mm/100 m²

最大入土深度：240 mm

工作效率：1.3 ~ 1.8 hm²/h

图 5-5 JP250 型激光平地机

二、耕地机械

蔬菜起垄前一般要进行深耕整地处理，保证土壤耕层深厚。一般采用犁进行耕翻，将地面上的作物残茬、秸秆落叶及一些杂草和施用的有机肥料一起翻埋到耕层内与土壤混拌，经过微生物的分解形成腐殖质，改善土壤物理及生物特性等。由于大多数铧式犁只能单方向翻垡，故目前推广应用较多的为翻转犁。

（一）功能特点

翻转犁一般在犁架上安装两组左右翻垡的犁体，通过翻转机构使两组犁体在往返行程中交替工作，形成梭形耕地作业。按翻转机构的不同可分为机械式（重力式）、气动式和液压式，其中液压式应用较广泛。

（二）代表机型

EurOpal5 液压翻转犁（图 5-6）

图 5-6 EurOpal5 液压翻转犁

整机重量：715 kg

主要特点：四种作业宽度（33 cm、38 cm、44 cm、50 cm）可以简单调整，灵活操作。独特的限深轮设计让翻转犁可以轻松犁到田畦地边。

三、旋耕整地机械

蔬菜地起垄前，为提高垄形的作业质量，一般先进行表面僵硬土层的旋耕破碎作业，为起垄作业降低工作阻力和提高作业质量做准备。表土浅耕作业通常采用微耕机或旋耕机进行，两者根据作业场合的不同因地制宜选配。

（一）功能特点

微耕机大多采用小于 6.5 kW 柴油机或汽油机作为配套动力，多为自走式，采用独立的传动系统和行走系统，一台主机可配套多种农机具，具有小巧、灵活的特点，适合丘陵地区或温室设施内购买使用。

旋耕机有多种不同的分类方法，按刀轴的位置可分为卧式、立式和斜置式。目前，卧式旋耕机的使用较为普遍。

（二）代表机型

1. 川龙 1WG-6.3 微耕机（图 5-7）

外形尺寸：1 780 mm × 1 350 mm × 1 200 mm

整机质量：118 kg

配置动力：6.3 kW

传动方式：齿轮直连刀辊

回转半径：190 mm

平均耕宽：1 385 mm

最大耕深：117 mm

安装刀数：40 把

轮胎型号：4.00-8

图 5-7　川龙 1WG-6.3 微耕机

2. 川龙 1GKN-125 旋耕机（图 5-8）

外形尺寸：950 mm × 1 460 mm × 1 100 mm

整机质量：175 kg

配套功率：18.2 kW

悬挂方式：标准悬挂式

耕作幅宽：1 250 mm

最大耕深：117 mm

犁刀型号：IT245

安装刀数：26 把

3. 必圣士 ACTION730 系列微耕机（图 5-9）

外形尺寸：

1 700 mm × 570 mm × 1 000 mm

配套功率：6.0 kW

挡位数：正向 3/ 反向 2

离合器：圆锥形，自通风，手动干式

启动方式：手拉绳

安全装置：发动机停机采用离合器与自动反向速度停止相结合

主要特点：一机可配套旋耕机、割草机、单铧犁、开沟器清扫机、开沟培土机等多种农机具。

图 5-8　川龙 1GKN-125 旋耕机

图 5-9　必圣士 ACTION730 系列微耕机

四、复式作业机械

菜地经过耕翻之后，还要整地起垄，其目的主要是便于灌溉、排水、播种、移栽及管理，起垄的垄形规格视当地气候条件（雨量）、土壤条件（类型）、地下水位的高低及蔬菜品种而异。

（一）功能特点

目前国内外专门用于蔬菜起垄（作畦）机械按配套动力的不同可分为微耕配套配型和大中马力施拉机配套型，其中后者机型根据对土壤的翻耕破碎次数，可分为单刀轴和双刀轴两种结构形式；同时按垄形成型原理不同也可分为作垄型和开沟型两类；以及根据作业的环节多少一次性完成开沟、起垄、施肥、整地的全部环节或者部分环节。

（二）代表机型

1. YT10-A 多功能田园管理机（图 5-10）

外形尺寸：

1 630 mm × 700 mm × 1 200 mm

整机质量：106 kg

传动方式：直齿轮，滚子链条

轮距：330 ～ 660 mm

轮胎规格：4.00-10

垄宽：450 ～ 700 mm

垄高：150 ～ 200 mm

图 5-10　YT10-A 多功能田园管理机

主要特点：实现旋耕、碎土、起垄、铺膜、开沟培土等多种功能，垄面可根据需要定制。

2. 华龙 1GVF 系列旋耕起垄施肥机（图 5-11）

起垄行数：1 行 /2 行

配套动力：40 ～ 70 马力（1 行），≥ 70 马力（2 行）

图 5-11　华龙 1GVF 系列旋耕起垄施肥机

作业耕幅：1 200 mm/1 400 mm/1 600 mm（1 行），1 800 mm/2 000 mm/2 200 mm/2 400 mm（2 行）

起垄高度：150 ～ 300 mm

垄顶宽度：60 ～ 120 mm（1 行），40 ～ 80 mm（2 行）

3. 悦田 YTLM120 型起垄覆膜机（图 5-12）

机体尺寸：1 500 mm×1 600 mm×1 200 mm

机体重量：310 kg

配套动力：50 ～ 70 马力

起垄高度：150 ～ 200 mm

垄面宽度：1 200 mm

主要特点：一次性完成起垄、精整地、覆膜作业。

图 5-12　悦田 YTLM120 型起垄覆膜机

4. 1GLM-2 起垄覆膜机（图 5-13）

外形尺寸：

2 000 mm×1 450 mm×850 mm

整机重量：330 kg

配套动力：40 ～ 60 马力

挂接方式：三点悬挂

耕幅：2 000 mm

垄宽：650 ～ 800 mm

垄高：150 mm/200 mm

图 5-13　1GLM-2 起垄覆膜机

5. 意大利 hortech 精整地机（图 5-14）

垄面宽度：1 200 mm

垄面高度：15 ～ 20 mm

配套动力：70 ～ 90 马力

主要特点：一次性完成起垄、精整地作业，用于蔬菜移栽前的土地准备。

图 5-14 意大利 hortech 精整地机

6.1ZKN 系列精整地机（图 5-15）

起垄行数：1 行 /2 行

配套动力：40 ~ 80 马力（1 行），≥ 80 马力（2 行）

作业耕幅：1 000 mm/1 200 mm/1 400 mm/1 600 mm（1 行），

1 800 mm/2 000 mm/2 200 mm/2 400 mm（2 行）

起垄高度：150 ~ 200 mm

垄顶宽度：50 ~ 130 mm（1 行），40 ~ 100 mm（2 行）

主要特点：垄面成细土层并预处理，土壤平整、标准化，表面坚固耐雨水冲刷。

图 5-15　1ZKZ 型精整地机

7.1ZKNP-125 型偏置旋耕起垄机（图 5-16）

外形尺寸：2 000 mm×1 350 mm×1 200 mm

整机重量：650 kg

配套动力：55 ～ 70 马力

作业耕幅：1 250 mm

起垄高度：150 ～ 200 mm

垄顶宽：700 ～ 1 000 mm

垄距：≥ 1 250 mm

作业效率：0.25 ～ 0.5 亩 /h

主要特点：装有液压偏置装置，作业中可左右偏移，最大偏置距离 30 cm，适用小地块蔬菜精整地复式作业。

图 5-16　1ZKNP-125 型偏置旋耕起垄机

第六章　机械化移栽

第一节　蔬菜移栽农艺技术

一、移栽前的准备

在移栽前应该做好土地和换苗的准备工作。整地做畦后，按照确定的行株距开沟或挖移栽穴，施入适量腐熟的有机肥和复合肥，与土拌匀后覆盖细土，避免移栽后秧苗根系与肥料直接接触。选择适龄幼苗移栽，苗过小不易操作，过大则伤根严重，缓苗期长。一般叶菜类以幼苗具 5 ~ 6 片真叶为宜；瓜类、豆类根系再生能力弱，移栽宜早，瓜类多在 5 片真叶时移栽，豆类在具两片对称子叶，真叶未出时移栽；茄果类根系再生能力强，可带花或带果移栽，但缓苗期长。移栽前对秧苗进行蹲苗（适当控制浇水）锻炼，可提高其对移栽后环境条件的适应，减少缓苗期。

二、移栽时期

由于各地气候条件不同，蔬菜种类繁多，各地应根据气候与土壤条件、蔬菜种类、产品上市时间及栽培方式等来确定适宜的播种与移栽时期。设施栽培的移栽时期主要考虑产品上市的时间、幼苗大小、土地情况及设施保温性能而定。

露地栽培则更多考虑气候与土壤条件，在适宜的栽培季节，影响蔬菜移栽时期的主导因素是温度。喜温性蔬菜如茄果类、瓜类、豆类（豌豆、蚕豆除外）等冬季不能栽植，应在春季地上断霜、地温稳定在 10 ~ 15 ℃时移栽，一般霜期过后尽早移栽；秋季则以初霜期为界，根据蔬菜栽培期长短确定移栽期，如西红柿、菜豆和黄瓜应从初霜期向前推 3 个月左右移栽。耐寒或半耐寒蔬菜，如豌豆、蚕豆、甘蓝、菠菜、芥菜等在长江以南地区多进行秋冬季栽培，以利幼苗越冬；在北方地区冬季不能露地越冬，多在春季土壤解冻、地温达 5 ~ 10 ℃时及早移栽。华南热带和亚热带地区终年温暖，移栽时期要求不太严格。

三、移栽密度

移栽密度因蔬菜的株型、开展度以及栽培管理水平、环境条件等不同而异。合理密植就是在保证蔬菜正常生长发育前提下，尽量增加移栽密度，充分利用光、温、水、土、气、肥等环境条件，提高蔬菜产量及品质。在同等气候及土壤条件下，爬地生长的蔓生蔬菜移栽密度应小，搭架栽培的密度则应大；丛生的叶菜类和根菜类密度宜小；早熟品种或栽培条件不良时，密度宜大，而晚熟品种或适宜条件下栽培的蔬菜密度应小。

四、移栽方法

在适宜的移栽时期，根据移栽密度，选择适宜的时间进行移栽，移栽方法有明水移栽法与暗水移栽法。

（一）明水移栽法

先按行、株距挖沟或开沟栽苗，栽完苗后及时浇定根水，这种移栽方法称为明水移栽法。该法浇水量大，地温降低明显，适用于高温季节。

（二）暗水移栽法

分为座水法和水稳苗法两种。

1. 座水法

按株行距开穴或开沟后先浇足水，将幼苗土坨或根部置于泥水中，水渗下后再覆土。该移栽法速度快，具有保持土壤良好的透气性、促进幼苗发根和缓苗等作用，成活率较高。

2. 水稳苗法

按株行距开穴或开沟栽苗，栽苗后先少量覆土并适当压紧、浇水，待水全部渗下后，再覆盖干土。该法既能保证土壤湿度要求，又能增加地温，利于根系生长，适合于冬春季移栽，一般秧苗、带土移栽及各种容器苗移栽多采用此法。

（三）移栽注意事项

第一，尽量多带土，减少伤根。

第二，移栽深浅应适宜，一般以子叶下为宜，如"黄瓜露坨，茄子没脖""深栽茄子，浅栽蒜"等；在潮湿地区不宜移栽过深，避免下部根腐烂。

第三，选择合适移栽时间，一般寒冷季节选晴天，炎热季节选阴天或午后移栽。

第四，移栽后应及时浇足定根水。

五、蔬菜基肥施用

基肥又称底肥，指在蔬菜播种前或移栽前施入田间的肥料，其用量占总施肥量的 70% 以上，主要以有机肥为主，配合部分速效肥，有机肥施用前必须充分腐熟。

基肥有撒施、条施、混合施用三种施用方法。撒施是结合深耕将肥料均匀施入；肥料不足时，可采用条施，将肥料集中施在播种行一侧，或在播种或移栽前将肥料施在种植穴内；混合施用法一般是将有机肥与化肥混合施用，可减少土壤对化肥的固定作用。

六、蔬菜移栽后的苗期管理

幼苗移栽到大田后，因根部受伤，影响水分和养分的吸收，生长会有一段停滞期，待新根发生后才恢复生长，这一过程称"缓苗"。缓苗时间的长短对早熟、丰产有重要意义，越快越好，不缓苗最佳。为此生产上对移栽后的苗期管理比较重视，采取相应措施缩短缓苗期。瓜类可采用塑料杯、营养土块、营养钵育苗等保护根系，减少移栽时伤根，缓苗快；移植时尽量多带土，少伤根；栽植后遇太阳过强应遮阴，若遇霜冻可采取覆土、熏烟或灌水等措施防冻；缓苗前注意浇水，促进成活。此外，生产中还应准备一定后备苗，以备缺苗时补植所用。

第二节　蔬菜机械化移栽技术

育苗移栽能充分利用光热资源提高蔬菜复种指数,对气候具有补偿功能,使蔬菜提前生长,是实现蔬菜稳定供给的重要手段。我国目前采用育苗移栽方式种植的蔬菜占全部蔬菜种植面积的 60% 左右,虽然我国对蔬菜机械化移栽的研究已有较长历史,随着育苗技术的发展在移栽机研制方面也取得了成效,并研发出多种类型的移栽机,但是同国外产品的技术水平和制造质量相比还有很大差距,主要存在人工辅助劳动量大、移栽效率低、栽植质量差等问题,尤其是与我国传统农艺技术难以兼容,不利于蔬菜移栽机的大面积推广应用。

一、蔬菜移栽机械类型

蔬菜移栽也称定植,主要指地苗床或穴盘中的幼苗移栽到大田的作业。目前国内外适用于蔬菜的移栽机已有多种,应用也较广,蔬菜移栽机的分类有多种。

按照取苗、投苗的自动化程度,可分为半自动和全自动两大类。

按栽植器型式,可分为钳夹式、导苗管式、挠性圆盘式和吊杯(鸭嘴)式等。

按栽植行数,可分为单行、双行、三行、多行等。

按挂接方式,可分为牵引式、悬挂式、自走式。

按动力类型,可分为燃油、电动两类。

按作业功能,可分为单一功能的移栽作业机和覆膜、浇水、移栽、盖土等多功能组合的复式作业机。

二、蔬菜移栽环节农机与农艺结合

农艺是进行农业生产过程及整个产业过程中展示出的工艺和相关操作技术,农机对应的是农业机械化器具及其生产技术技能。农艺是农业发展的基础，农机是实现现代高效农业的关键。农机与农艺相结合是发展现代农业的必然要求，二者相辅相成，充分融合，将最大程度发挥农业机械化优势，有效改善生产力，达到增产增收，提效降本的目的。

我国地域辽阔，气候殊异，种植农户在不同的生态和经济条件下，因地制宜采用了不同种蔬菜栽培形式：轮作、间作、平作、垄作、宽幅、窄幅、有覆膜、无覆膜、直播、移栽、裸根、钵苗及不同的栽植株距、行距等。所以，需要基于农艺种植要求研发相应的农机具，配合农机具栽植特点改进种植农艺，只有农机与农艺相互融合，才能提高作业效率，栽植一致性好，推进当地规模机械化种植的发展。

三、国内外蔬菜移栽机现状

目前，国内外常见的大田移栽机类型主要有链夹式、吊杯式、导苗管式、钳夹式、挠行圆盘式等，这些机型是针对钵苗育苗方式研发的移栽机械，针对穴盘苗的移栽作业需要人工辅助完成取苗和喂苗操作，人工取喂苗效率上限为 3 600 株 /h，效率较低且易发生缺株现象。

全自动移栽机融合了多传感器、自动控制等先进技术，通过横向和纵向输送与定位系统控制苗盘位置，采用顶苗杆将穴盘苗成排顶出，或通过取苗爪将苗成排取出，实现精准取苗和投苗，作业效率超过 8 000 株 /（h·行），能大幅提高生产效率，节省劳动力，降低作业成本，但上述机型大多结构复杂，价格昂贵，还存在与我国现存农艺不配套的问题，国内用户难以接受。

日本蔬菜移栽机主要有步行或乘坐式的裸苗、带土单苗、纸钵单苗和链式纸钵苗等多种形式，秧盘培育的单元格成苗式全自动移栽机已推广使用，还完成了育苗方式与全自动移栽机农机和农艺技术相配套的标准化工作。洋马农机株式会社、久保田株式会社和井关农机株式会社都有较成熟的自动移栽机。洋马自动移栽机借鉴水稻插秧机技术原理并进行改进，作业时机械手从育苗盘中完成取苗动作，再将苗直接夹持至栽植部件上方，最后投入栽植器，该机型整机体积小、移动灵活，适用于丘陵山地小地块蔬菜移栽作业，但由于一次只能抓取一株苗，速度较慢，作业效率为 3 000 株 /（h·行）。

地膜覆盖及膜上移栽技术已广泛应用，在膜上移栽机械化方面，由于要配合完成开膜孔和挖土穴工序，只有水轮式、吊杯式和鸭嘴式机型能完成膜上移栽。欧美发达国家已基本实现膜上移栽机械化。久保田（苏州）公司、井关农机（常州）公司等日资企业研发的全自动鸭嘴式膜上移栽机具有自动化程度高和作业效率高的优点，缺点是机具成本高，结构设计复杂，对蔬菜育苗质量要求高，仅适合部分叶类蔬菜的移栽作业，适用范围有一定局限性。

我国研制和推广的蔬菜移栽机以半自动化机型为主，移栽过程中由人工从穴盘或苗盘中取苗后送入栽植机构中，人工辅助喂苗工作效率为2 100 ~ 3 600 株/h，人工喂苗平均速度为2 400 株/h，超过该速度则漏苗率明显加大，这是提升半自动移栽机作业效率的制约因素。

四、国内移栽机存在的主要问题

（一）生产效率低，综合效益不突出

目前，国内移栽机以半自动为主，对操作人员要求较高。人工喂苗时，需要精力集中，放苗准确、迅速，否则易出现缺苗、漏苗，长时间连续作业造成人员疲劳，限制了机具的连续作业。同时，受人工喂苗速度影响，作业效率只相当于人工的5 ~ 15 倍，远低于耕整、收获等机械相对于人工作业的效率，因此综合效益的优势不是很明显。这在一定程度上制约了用户使用的积极性。

（二）生产制造水平较低，质量稳定性差

目前国产半自动移栽机在技术上与国外进口移栽机不相上下，但多为作坊式生产，生产制造水平较低，可靠性差，故障率高，制约了本土移栽机具的推广。

（三）育苗、整地技术落后，农机与农艺脱节

我国许多机械移栽技术是从借鉴发达国家先进技术研发出来的，发达国家与移栽相配套的育苗技术、整地技术已非常成熟。而我国与移栽相配套的育苗设施和整地机械较薄弱，技术相对落后，制约了移栽机的推广。此外，国内移栽作物的土壤环境千差万别，种植制度复杂多样，田块以小而分散居多，严重制约了移栽机的适用性。

五、国内移栽机的发展趋势

随着我国土地流转和农村劳动力转移，农村劳动力短缺已成为必须面对的问题。加强幼苗自动输送、自动取投苗技术等的研究，研制性能优越、价格合理的高速移栽机将是今后国内蔬菜移栽的发展趋势。

半自动移栽机在国内市场还将占据很高的份额，而且还会存在较长时间。虽然半自动化移栽机需要较多辅助人员，但其适应性较好，使用方便，比较适合当前国情。

因此，半自动机具在向全自动机具过渡过程中，提高作业机具生产率，完善其作业性能和可靠性，开发配备覆膜、铺管施肥、栽植、覆土、浇水等装置的多功能移栽机也是当前半自动移栽机需解决的重点问题。

六、蔬菜机械化移栽注意事项

（一）蔬菜苗

第一，蔬菜移栽的品种、苗龄、行距、株距、种植密度和深度等方面要实现农艺和农机的有机结合。

第二，用于移栽的蔬菜苗需保持新鲜，秧苗健壮，苗直无伤，且根系无缠绕，起苗方便。若基质水分太多，需在阴凉处风干，便于起苗。

第三，蔬菜苗钵体直径或宽度不大于 30 mm，高度 80 ~ 200 mm，展开度不大于 100 mm。

（二）耕整地

高标准、高质量的耕整地是实现蔬菜移栽机高效移栽作业的基础，为了保证移栽机移栽效果，对耕整地作业也有一定要求，包括地面平整、土壤细碎、耕层深厚。如果是起垄移栽，则要求起垄作业过程中，垄宽与移栽作业幅宽相适应，起垄笔直，垄形整齐，垄面平整、无塌陷。

（三）作业人员

须对喂（投）苗操作人员进行培训，保证移栽喂苗位置准、效率高、动作连贯熟练。

（四）作业前

第一，对移栽机进行检修，保证移栽机具运转正常，部件紧固。

第二，蔬菜移栽前，进行机具的调试，根据需求调节蔬菜移栽机栽插行距、株距和深度。若基本苗不能满足农艺要求，可通过减小株距解决。

第三，半自动移栽机作业前，先起苗逐步将每个苗杯放上蔬菜苗，以免运行过程中因起苗不及时造成漏苗。全自动移栽机作业前，将育苗穴盘装上移栽机后，进行空运转，使蔬菜苗到达取苗口位置。以避免起步时脱窝漏行。

（五）移栽作业

第一，移栽时根据操作人员技术熟练程度、秧苗情况、土壤及田块情况选择相适应的行走速度，实现最佳的移栽效果和最佳作业效率。

第二，移栽一段距离后，操作人员要停车检查已栽蔬菜行距、株距和深度及其他技术参数是否符合农艺要求，若不符合要求需再次进行机具调整。

第三，随时做好监测，尤其是对栽植器部位土壤、漏苗及时清理，保证作业效果。

第四，地头转弯掉头时为保证安全，喂（投）苗操作员应先下车。

（六）移栽后

第一，机械化移栽后，及时浇灌定根水，提高蔬菜苗成活率。

第二，作业结束后及时清洁、保养移栽机。

七、蔬菜机械化作业质量检测

在规定的作业条件下，按照 GB 5667 五点法取样进行测量，蔬菜移栽机的作业质量指标应符合表 6-1 规定。

表 6-1　蔬菜机械化移栽作业质量指标

序号	项目	质量指标要求				检测方法对应条款号
		半自动移栽机		全自动移栽机		
		裸地移栽	膜上移栽	裸地移栽	膜上移栽	
1	漏栽率（%）	≤ 5	≤ 5	≤ 5	≤ 5	

续表

序号	项目		质量指标要求				检测方法对应条款号
			半自动移栽机		全自动移栽机		
			裸地移栽	膜上移栽	裸地移栽	膜上移栽	
2	移栽合格率（%）	土壤质地为沙土	≥ 90	≥ 90	≥ 85	≥ 85	（一）
		土壤质地为壤土、黏土	≥ 85	≥ 85	≥ 80	≥ 80	
3	邻接行距合格率（%）		≥ 90	≥ 90	≥ 90	≥ 90	（二）
4	株距合格率（%）		≥ 90	≥ 90	≥ 90	≥ 90	（三）
5	移栽深度合率(%)	土壤质地为沙土	≥ 80	≥ 80	≥ 80	≥ 80	（四）
		土壤质地为壤土、黏土	≥ 75	≥ 75	≥ 75	≥ 75	
6	膜面穴口开孔合格率（%）		–	≥ 95	–	≥ 95	（五）

注：a.漏栽性能指标要求参照 JB/T 10291；b.具有复式作业功能的移栽机,其铺膜、铺管、施肥、浇水等作业性能指标应符合相应标准规定。

（一）移栽合格率测定

在规定的五个检测区内，每个检测区选一行连续测定的应栽植穴株数不少于 120 个。重栽、倒伏、埋苗、露苗和伤苗为栽植不合格，定义及判定规则按 JB/T 10291 执行。移栽质量符合蔬菜种植农艺要求的蔬菜苗数量占所总数的百分数为移栽合格率，按式（1）、式（2）计算。

$$Q_i = \frac{N_{z_i}}{N_i} \times 100\% \qquad （1）$$

$$Q = \frac{\sum_{i=1}^{n} Q_i}{n} \times 100\% \qquad （2）$$

式中：

N_{z_i}——i 检测区栽植合格的蔬菜苗株数，单位为株；

N_i——i 检测区测定的蔬菜苗总株数，单位为株；

Q_i——i 检测区的移栽合格率，单位为百分率（%）；

Q——移栽合格率，单位为百分率（%）；

n——检测区的个数，这里取 5。

（二）邻接行距合格率测定

在规定的五个检测区内，每个检测区同一邻接行连续测定120个行距以上，以当地农艺要求的邻接行距 l 为标准，实测邻接行距在 $l(1\% \pm 5\%)$ 之内为合格，合格邻接行距数量占所测总数的百分数为邻接行距合格率，按式（3）、式（4）计算。

$$P_i = \frac{N_{h_i}}{N_i} \times 100\% \qquad (3)$$

$$P = \frac{\sum_{i=1}^{n} P_i}{n} \times 100\% \qquad (4)$$

式中：

N_{h_i}—i 检测区邻接行距合格的蔬菜苗株数，单位为株；

P_i—i 检测区的邻接行距合格率，单位为百分率（%）；

P—邻接行距合格率，单位为百分率（%）；

n—检测区的个数，这里取5。

（三）株距合格率测定

在规定的五个检测区内，每个检测区选一行连续测定120个株距以上，以当地农艺要求的移栽株距 D 为标准，实测株距在 $D(1\% \pm 10\%)$ 之内为合格，合格株距的株数占所测总数的百分数为株距合格率，按式（5）、式（6）计算。

$$Z_i = \frac{N_{z_i}}{N_i} \times 100\% \qquad (5)$$

$$Z = \frac{\sum_{i=1}^{n} Z_i}{n} \times 100\% \qquad (6)$$

式中：

N_{z_i}—i 检测区株距合格的蔬菜苗株数，单位为株；

Z_i—i 检测区株距合格率，单位为百分率（%）；

Z—株距合格率，单位为百分率（%）；

n—检测区的个数，这里取5。

（四）移栽深度合格率测定

在规定的五个检测区内，每个检测区选一行连续取苗120株以上，以当地农艺要求的移栽深度 H 为标准，所栽秧苗深度在 $H(1\% \pm 20\%)$ 之内为合格，合格移栽深度的株数占所测总数的百分数为移栽深度合格率，按式

（7）、式（8）计算。

$$S_i=\frac{N_{s_i}}{N_i}\times100\%\qquad\qquad（7）$$

$$S=\frac{\sum_{i=1}^{n}S_i}{n}\times100\%\qquad\qquad（8）$$

式中：

N_{s_i}—i 检测区移栽深度合格的蔬菜苗株数，单位为株；

S_i—i 检测区的移栽深度合格率，单位为百分率（%）；

S—移栽深度合格率，单位为百分率（%）；

n—检测区的个数，这里取 5。

（五）膜面开孔合格率测定

在规定的五个检测区内，每个检测区选一行沿移栽方向连续测定 120 个地膜穴口开孔以上。当 $15\ cm\le D<25\ cm$ 时，实测相邻开口间完好的膜面的长度大于 $\frac{1}{2}D$ 为合格膜面穴口开孔；当 $D\ge25\ cm$ 时，实测相邻开口间完好的膜面的长度大于 $\frac{2}{3}D$ 为合格膜面穴口开孔。合格膜面穴口开孔的个数占所测总数的百分数为膜面穴口开孔合格率，按式（9）、式（10）计算。

$$X_i=\frac{N_{x_i}}{N_i}\times100\%\qquad\qquad（9）$$

$$X=\frac{\sum_{i=1}^{n}X_i}{n}\times100\%\qquad\qquad（10）$$

式中：

N_{x_i}—i 检测区膜面穴口开孔合格的个数，单位为个；

X_i—i 检测区膜面穴口开孔合格率，单位为百分率（%）；

X—膜面穴口开孔合格率，单位为百分率（%）；

n—检测区的个数，这里取 5。

第三节　蔬菜移栽机械

移栽机类型众多，以下按半自动和全自动两大类分别介绍移栽机。

一、半自动移栽机

（一）功能特点

吊杯式（也叫鸭嘴式、吊篮式）半自动移栽机是目前应用最多的移栽机，生产厂商和机型都较多，主要工作部件有传动装置、苗筒、吊杯栽植器、压实轮等。人工将苗逐棵放入投苗筒内，当苗随投苗筒转动至落苗点时，苗落入吊杯中，吊杯带苗运动至栽植地面时，吊杯破土打开，将苗投出。苗在回流土的作用下完成移栽，压实轮起辅助压实的作用。该类移栽机的优点是：吊杯仅对幼苗起承载作用，不施加夹紧力，基本不伤苗，尤其适合根系不发达且易碎的钵体苗移栽，栽植器可插入土壤开穴，适合膜上打孔移栽；吊杯在栽苗过程中起到稳苗扶持作用，幼苗栽后直立度较高。缺点有：结构相对复杂，成本较高，对土壤墒情要求较高，不适用于小株距要求的移栽。

钳夹式半自动移栽机又分为圆盘钳夹式和链钳夹式。幼苗钳夹安装在栽植圆盘或环形栽植链条上，工作时，由操作人员将幼苗逐棵放置在钳夹上，幼苗被夹持并随圆盘或链角转动，当幼苗到达与地面垂直位置时，钳夹打开，幼苗落入苗沟内，随后幼苗在回流土和镇压轮的作用下完成移栽过程。钳夹式移栽机具有结构简单、造价低、栽植株距和深度稳定的优点，适合裸根苗和细长苗移栽。但该机型不适合钵苗移栽和膜上移栽，钳夹易伤苗。另外，喂苗人员需精神高度集中，否则易出现漏苗、缺苗等现象。

导苗管式半自动移栽机主要由导苗管、喂入器、扶苗器、开沟器、覆土镇压轮和苗架等工作部件组成，采用单组传动。工作时，由人工将作物幼苗放入喂苗器的接苗筒内，当接苗筒转动至导苗管喂入口上方时，喂苗嘴打开，幼苗靠重力落入导苗管内，后沿倾斜的导苗管被引入至开沟器开出的苗沟内，然后进行覆土、镇压，完成移栽过程。此类机型优点是：栽植株距调节灵活，可实现小株距移栽，对幼苗的适应性较强，不易伤苗。缺点是不能进行膜上移栽。

（二）结构与工作方法

以井关 2ZY-2A 垄上移栽机为例，结构图如图 6-1、图 6-2 所示。由机架、载苗架供给苗杯、栽植嘴、平压轮、发动机、传动系统、行走装置、操纵控制装置等组成。

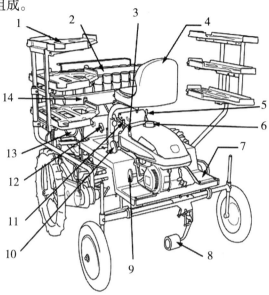

图 6-1　井关 2ZY-2A 垄上移栽机结构示意一

1. 载苗架　2. 载苗台　3. 离合器手柄　4. 驾驶座　5. 油门手柄　6. 燃料箱盖　7. 踏台　8. 垄端传感滚轮　9. 株距切换手柄 1　10. 株距切换手柄 2　11. 左右倾斜调节　12. 转向踏板　13. 后视镜　14. 栽植深度手柄

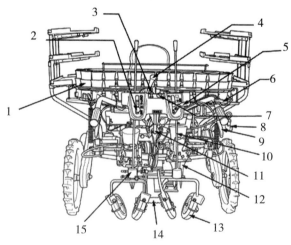

图 6-2　井关 2ZY-2A 垄上移栽机结构示意二

1. 供给苗杯　2. 主离合器手柄（手把侧）　3. 风门按钮　4. 挡位手柄　5. 栽植液压手柄　6. 油门手柄（手把侧）　7. 发动机开关　8. 起动拉绳把手　9. 转向把手　10. 平压轮杆　11. 苗空插手柄　12. 栽植嘴（栽植仓斗）　13. 平压轮　14. 停车支架　15. 配重块

栽植作业开始，确保机器状态与实际轮距、垄高、行距要求一致；前轮抬起向垄推进；平压轮完全进入垄后停止行走，把前轮放下；栽植液压手柄调至"降"；幼苗放入苗盘，载苗架以及载苗台配套使用；挡位手柄调至"栽植"；油门手柄调至"低"，使发动机以低速运转；作业者向栽植作业位置移动。苗供给的方法，作业者坐在栽植机的驾驶座上，从苗盘里取出幼苗，向转台上的供给苗杯里供苗；栽植开始后继续给空的供给苗杯内供苗。

（三）典型机型技术参数

1. 东风井关 2ZS-1A（PVH1-TVE18）蔬菜移植机（图 6-3）

机体尺寸：2 040 mm × 1 920 mm × 990 mm

机体重量：167 kg

轮距调节：650 ~ 1 100 mm

变速挡数：前进 4 挡，后退 1 挡

插植行数：1 行

插植深度：0 ~ 6 cm

插植株距：35/36/38/40/41/45/47/49 cm

作业速度：0.18 ~ 0.48 m/s

作业效率：2 300 株/h（根据苗、田块情况有变化）

图 6-3 东风井关 2ZS-1A（PVH1-TVE18）蔬菜移植机

2. 悦田 2ZS-3A 蔬菜移栽机（图 6-4）

机体尺寸：1 900 mm × 950 mm × 1 010 mm

机体重量：195 kg

移栽行数：1 行

适应垄高：150 ~ 300 mm

适应垄宽：540 ~ 1 140 mm

主要特点：自动水平升降，垄面起伏高低移栽深度不变。开口尺寸可调，适用于大、小苗移栽。

图 6-4 悦田 2ZS-3A 蔬菜移栽机

3. 东风井关 PVHR2 乘坐式蔬菜移植机（图 6-5）

机体尺寸：2 050 mm × 1 600 mm × 1 500 mm

机体重量：240 kg

车轮间距：内车轮 845 mm ～ 1 045 mm

外车轮 1 150 mm ～ 1 350 mm

适应垄高：10 cm ～ 33 cm

插植株距：30/32/35/40/43/48/50/54/60 cm

插植行距：30 ～ 40 cm/40 ～ 50 cm

图 6-5　东风井关 PVHR2 乘坐式蔬菜移植机

工作效率：3 600 株 /h（根据苗、田块情况有变化）

图 6-6　鼎铎 2FB-2 型蔬菜移栽机

4. 鼎铎 2ZB-2 型蔬菜移栽机（图 6-6）

移栽行数：2 行

移栽行距：25 ～ 50 cm

移栽株距：10 ～ 60 cm

移栽深度：0 ～ 10 cm

主要特点：机电一体化结构，株距行距无极调节，适合平地、垄上和膜上移栽。

5. 华龙 2ZBX-2 多功能种苗移栽机（图 6-7）

移栽行数：2 行

移栽株距：15 ～ 50 cm

移栽行距：25 ～ 50 cm 可调

垄顶宽：50 ～ 80 cm

垄高：10 ～ 25 cm

作业效率：2.5 ～ 4 亩 /h

图 6-7　华龙 2ZBX-2 多功能种苗移栽机

配套动力：70 马力以上

主要特点：一次性完成起垄和移栽作业。

6. 意大利 OVER PLUS 4 生菜移栽机（图 6-8）

配套动力：50 马力以上

移栽行数：4 行

移栽行距：32 cm

移栽株距：18 ~ 22 cm

框架模型：200 cm

主要特点：有 4 个带座位的种植单元，6 个针对锥形土块的种植杯，可在覆膜或者裸地上种植。

图 6-8　意大利 OVER PLUS 4 生菜移栽机

二、全自动移栽机

（一）功能及特点

全自动移栽机按照自动取苗方式可分为以下三类。

1. 迎苗扎取式

对育苗时种子的对中性要求高，不适合小穴格作业。

2. 顶出输送式

在幼苗输送过程中速度、空间等不确定因素较多，输送中主动夹持容易伤苗。

3. 顶出夹取式

不容易伤根、伤叶，比较适合中、小规格穴盘苗的移栽，但因穴盘底孔直径小，对苗盘输送的精准度要求较高。

总体来说，全自动移栽机具有用工少、作业效率高的优势，发展前景好，但对育苗的标准化、均一化要求很高。

（二）结构与工作方法

以洋马乘坐式自动蔬菜移栽机为例（图6-9），是使用插秧机走行部，搭载了专用栽植部的2行自动蔬菜移栽机。

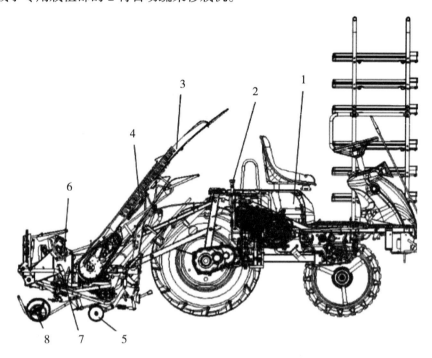

图 6-9　洋马乘坐式自动蔬菜移栽机结构示意

1. 行走部　2. 株距变速手柄　3. 苗台　4. 苗盘　5. 感应滚轮　6. 秧针（取苗爪）　7. 开孔器　8. 镇压轮

自动蔬菜移栽机由苗台、苗盘、取苗爪、开孔器、覆土轮、发动机、传动系统、行走装置、操纵控制装置等组成。通过调节株距变速手柄，可使株距在 260～800 mm 范围内无级调节。苗台可搭载 4 张苗盘。左右感应滚轮独立控制，稳定栽植深度。在传动机构控制下，苗盘自动完成纵向和横向进给。

开孔器上升至顶端的同时，取苗爪从苗盘中自动夹取一棵钵苗送至开孔器上方，钵苗落入开孔器。开孔器下降，当开孔器插入地下后，鸭嘴打开，钵苗自开孔器落入土中，随后覆土轮覆土镇压。在蔬菜苗落土后，开孔器在传动机构作用下上升。

（三）典型机型技术参数

1.洋马 PF2R 乘坐式全自动蔬菜移栽机（图 6-10）

机体尺寸：3 160 mm×1 795 mm×2 287 mm

质量：639 kg

移栽行数：2 行

移栽行距：

450/500/550/600/650 mm

移栽株距：260 ～ 800 mm

作业效率：2 亩 /h

主要特点：可完成单畦两行、两畦两行、无畦两行条件下机具蔬菜移栽作业，一次性完成

图 6-10　洋马 PF2R 乘坐式全自动蔬菜移栽机

取苗、开孔、落苗、覆土、镇压全自动蔬菜移栽。

2.亚美柯 2ZS-2 全自动蔬菜钵苗移栽机（图 6-11）

机体尺寸：1 910 mm×905 mm×1 150 mm

质量：210 kg

图 6-11　亚美柯 2ZS-2 全自动蔬菜钵苗移栽机

种植行数：2 行

种植行距：45 ~ 55 cm

种植深度：1 ~ 4 cm

种植株距：5 ~ 52 cm

适用秧苗：专用钵体育成苗

秧盘尺寸：63.2 cm × 31.5 cm × 3.5 cm

秧苗高度：6 ~ 10 cm

秧盘钵体数：220 穴

钵体尺寸：直径 φ2.3 cm × 高 3.5 cm

主要特点：秧苗从秧盘中的推出、皮带输送、开沟、种植、培土过程全自动。适用于大葱、菊花、白菜、花菜、西蓝花、花茎甘蓝等多种蔬菜的钵苗移栽。

3. 洋马 2ZYG-6 乘坐式油菜移栽机（图 6-12）

机体尺寸：3 625 mm × 2 096 mm × 2 330 mm

轮距：前 1 220 mm，后 1 200 mm

移栽行数：6 行

移栽行距：300 mm

移栽株距：24/21/18/16/14/12 cm

移栽深度：35 ~ 65 mm

作业效率：4 亩 /h

图 6-12　洋马 2ZYG-6 乘坐式油菜移栽机

三、机具的维护与保养

（一）机身清洗

第一，清理囤积在苗夹上、开沟器内外、镇压轮上的泥土及其他残留物。

第二，作业后在当日之内用水清洗，将附着在旋转部位等处的杂物等去除干净后，尤其要清除肥料及化学产品的残留物，要将蔬菜移栽机擦洗干净晾干。

（二）维护保养

第一，蔬菜移栽机在结束移栽作业后，应进行详细的检查，如果发现有损坏的零部件要及时更换。

第二，在运动、传动等关键部位以及易生锈的部位涂上润滑油。及时给镇压轮轴心上油，定期检查螺丝的松紧程度，及时给栽植器的链条、传送链、轴承上油。

（三）存放保养

第一，对蔬菜移栽机进行润滑，尤其是链条和轴承部件要及时上油，然后将机具存放在干燥的地方，用油布盖上，防止灰尘。

第二，清空燃料。

第三，拆下停车支架后将机体降下。

第四，抬起覆土臂，使压膜轮离地，防止压膜轮变形。

第七章　机械化直播

第一节　蔬菜播种农艺技术

一、播　种

（一）确定播种量

播种前应首先根据种子的种类、种子的质量、播种季节、自然灾害（气候灾害、病虫害等）确定播种量，如：豇豆种子粒大，用量多；大白菜等种子粒小，用量少。点播蔬菜播种量的计算公式如下：

种子使用价值＝种子纯度（％）× 种子发芽率（％）

播种量＝［播种密度（穴数）× 每穴种子粒数］/（每克种子粒数 × 种子使用价值）

在生产实际中，应视种子大小、播种季节、土壤耕作质量、栽培方式、气候条件等不同，在确定用种量时增加一个保险系数，保险系数从 0.5 ～ 4 不等。撒播法和条播法的播种量可参考点播法确定。

（二）确定播种时期

播种期受当地气候条件、蔬菜种类、栽培目的、育苗方式等影响。

确定播种适期的总原则：使产品器官生长旺盛期安排在最适宜的时期。栽培方式不同，确定播种期也有不同，育苗的播期依据秧苗定植日期推算；设施栽培则更多考虑茬口安排，应使各茬蔬菜的采收初盛期恰好处于该蔬菜的盛销高价始期；露地栽培则将产品器官生长的旺盛期安排在气候条件（主要是温度）最适宜的月份。如茄果类蔬菜在四川地区多于 3 月份温度适宜时播种，若进行温床育苗则可提前到 11 ～ 12 月播种；茎用芥菜在重庆地区 9

月上旬播种产量最高，但蚜虫危害严重，为避免蚜虫危害，多于9月下旬至10月上旬播种。

（三）精种技术

1. 播种方式

精种播种方式主要有撒播、条播和点播（穴播）三种。

（1）撒播　撒播是将种子均匀散播到畦面上，多用于生长迅速、植株矮小的速生菜类及苗床播种。撒播可经济利用土地面积，省工省时，但存在不利于机械化耕作管理、用种量大等缺点。

（2）条播　条播是将种子均匀撒在规定的播种沟内，多用于单株占地面积较小而生长期较长以及需要中耕培土的蔬菜，如菠菜、芹菜、胡萝卜、洋葱等。条播便于机械播种及机械化耕作管理，用种量也减少。

（3）点播　点播又称穴播，是将种子播在规定的穴内，适用于营养面积大、生长期较长的蔬菜，如豆类、茄果类、瓜类等蔬菜。点播用种最省，也便于机械化耕作管理，但存在出苗不整齐、播种用工多、费工费事等缺点。

2. 播种方法

播种一般有干播（指播前不浇底水）和湿播（播前浇底水）两种方法，干播一般用于湿润地区或干旱地区的湿润季节，趁雨后土壤墒情合适，能满足发芽对水分需要时播种，干播后应适当镇压；如果土壤墒情不足，或播后天气炎热干旱，则需在播后连续浇水，始终保持地面湿润状态直到出苗。

浸种催芽的种子多采用湿播法，在干旱或土壤温度很低的季节，也最好用湿播法。播种前先把畦地浇透水，再撒种子，然后依籽粒大小，覆土0.5～2 cm。

3. 播种深度

播种深度关系到种子的发芽、出苗的好坏和幼苗生长，应根据种子大小、土壤温、湿度及气候条件确定适宜深度。播种过深，延迟出苗，幼苗瘦弱，根茎或胚轴伸长，根系不发达；播种过浅，表土易干，不能顺利发芽，造成缺苗断垄。一般干旱地区、高温及沙质土壤，大粒种子播种宜深；黏质土壤、土壤水分充足的地块，小粒种子播种宜浅；喜光种子如芹菜等宜浅播。种子的播种深度一般为种子直径的2～3倍，小粒种子一般覆土0.5～1 cm，中粒种子 1 ~ 3 cm，大粒种子 3 cm 左右。

二、种子的寿命

种子的寿命指种子在一定环境条件下能保持发芽能力的年限。种子寿命的长短取决于遗传特性和繁育种子的环境条件、种子成熟度、贮藏条件等，其中贮藏条件中的湿度对种子生活力影响最大。在实践中，种子的寿命则指整个种子群体的发芽率保持在 60% 以上的年限，即种子使用年限。在自然条件下，不同蔬菜种子的寿命差异很大，可分为长命种子、常命种子、短命种子三类。

三、种子的发芽特性

种子能否正常发芽是衡量种子是否具有生活力的直接指标，也是决定田间出苗率的重要因素。种子发芽过程中种子形态、结构和生理活动的变化规律及其所需的环境条件是进行种子催芽处理、播种等技术措施的根据。

（一）发芽过程

种子发芽过程就是在适宜的温度、水分和氧气条件下，种子胚器官利用贮存的营养进行生长的过程，一般包括吸胀、萌动与发芽三个过程。

1. 吸胀

吸胀是种子吸收水分的过程，有两个阶段：第一阶段为初始吸水阶段（物理吸水阶段），依靠种皮、珠孔等结构的机械吸水膨胀，有无生活力的种子均可进行，吸收的水分主要达到胚的外围组织（即营养贮藏组织），吸水量为种子发芽所需水量的 1/2；第二阶段为完成阶段（生理吸水阶段），依靠胚的生理活动吸水，有生活力的种子才可进行，吸收的水分主要供胚活动所需。

各阶段水分进入种子的速度和数量取决于种皮构造、胚及胚乳的营养成分和环境条件。种皮透水容易的蔬菜有十字花科、豆科、西红柿、黄瓜等；透水困难的有伞形科、茄子、辣椒、西瓜、冬瓜、苦瓜、葱、菠菜等。营养物质中，蛋白质含量多的种子，吸水多而快，如豆类种子；脂肪和淀粉含量多的种子，吸水则少而慢。初始吸水阶段，影响吸水的主要因子是温度，完成阶段则是温度和氧气，因此在浸种过程中要保证水温和换水补氧。

2. 萌动

萌动又称生物化学阶段。种子吸胀后，原生质由凝胶状态变成溶胶状态，酶开始活化，种子内生理代谢和细胞增殖加快。种子萌动，表现为胚根尖端冲破种皮外伸，农业生产上称"露白"或"破嘴"。

3. 发芽

发芽指种子萌动后胚继续发育，直至胚根长度与种子等长，胚芽长度达种子一半的过程。种子发芽后，幼苗便出土生长，其出土有两种类型：一是子叶出土型，如茄果类、瓜类、菠菜、毛豆、菜豆和洋葱等；二是子叶不出土型，如蚕豆、豌豆、石刁柏等。

（二）种子发芽对环境条件的要求

1. 水分

水分是种子发芽的必需条件，只有吸收充足水分，使种子自由含水量增加，贮藏干物质向溶胶转变，代谢活动加强，才能促使种子发芽。根据土壤含水量对蔬菜种子发芽率的影响而分为四类：一是要求"不严格"，对土壤含水量不敏感，在含水量9%～18%的范围内均能正常发芽（9%为永久凋萎点），这类种子比较耐干燥，种类较多，如甘蓝、南瓜、西瓜、西红柿、西葫芦、甜瓜、黄瓜、洋葱、菠菜等；二是要求"不太严格"，对土壤含水量中等敏感，含水量只有在10%～18%时才能正常发芽，含水量达9%时发芽率可达到70%，如胡萝卜、菜豆等；三是要求"比较严格"，与"不太严格"蔬菜类似，差别在于在永久凋萎点（9%）以下，其发芽率极低，无生产意义，如莴苣、豌豆、甜菜等；四是要求"严格"，对土壤含水量极度敏感，含水量在14%～18%时种子才能正常发芽，在含水量10%以下发芽率为0，如芹菜、芥菜等。

此外，根据种子吸水量大小可以将蔬菜分为三类：一是吸水量大的，其吸水量可达种子风干重的100%～140%，如豆类、冬瓜、南瓜等；二是吸水量中等的，其吸水量为种子风干重的60%～100%，如西红柿、丝瓜、甜瓜等；三是吸水量小的，其吸水量为种子风干重的40%～60%，如茄子、黄瓜、苦瓜等。对种子吸水影响显著的外界因子是温度，在物理吸水阶段，温度愈高，吸水愈旺盛；而在生理吸水阶段则不然，温度超过适宜界限，吸水力就会下降。

2. 温度

温度是影响种子发芽的重要环境因素之一，不同蔬菜种子对温度要求不同，都有其最适温度、最高温度和最低温度，最适温度条件下种子萌发最快。有的蔬菜种子如芹菜，进行昼夜温度周期交替的变温处理，可以促进萌发。

按照种子发芽对土壤温度的反应可将蔬菜分为三类：一是中温发芽蔬菜，如莴苣、菠菜、茼蒿、芹菜等；二是高温发芽蔬菜，如甜瓜、西瓜、南瓜、西红柿、黄瓜等；三是适温范围较广的蔬菜，如萝卜、白菜、甘蓝、芜菁、葱等。据研究，蔬菜种子在开始出土后的 0 ~ 2 d 出苗率可达 70% ~ 80%，土壤温度越适宜，出土集中的时间越短，且种子集中出土的时期与开始出土期的间隔天数也越短。在一定出土时期（10 d 或 15 d）内，叶菜、茎菜、花菜、根菜的种子发芽温度低限为 11 ~ 16 ℃，高限为 25 ~ 35 ℃；瓜类、豆类的低限为 20 ~ 25 ℃，高限为 30 ~ 35 ℃。

3. 气体

种子在发芽过程中要进行呼吸作用，需要吸收大量的氧气，同时释放 CO_2。一般来说，氧气浓度增高可促进种子发芽，CO_2 浓度增高则抑制发芽。种子萌发初期需氧量较少，萌动后需氧量增加，若缺氧种子不萌发，持续时间长还会导致"烂种"。不同种类蔬菜，种子发芽对氧的要求与敏感程度也不同，水生蔬菜种子对氧的需要量比旱地蔬菜要少得多；常见蔬菜中，芹菜和萝卜对氧需要量最大，黄瓜、葱、菜豆需要量最少。

4. 光照

种子都能在黑暗条件下发芽，但不同种类的蔬菜种子发芽时对光照的反应有差异。根据发芽时对光照条件的要求，可将蔬菜种子分为需光型、嫌光型、中光型三种。需光型种子在有光条件下发芽好于黑暗条件下，如十字花科芸薹属、莴苣、牛蒡、茼蒿、胡萝卜、芹菜、紫苏等；嫌光型种子在黑暗条件下发芽良好，如茄子、西红柿、辣椒、葫芦科、葱、韭菜、韭葱等；中光型种子发芽对光反应不敏感，如萝卜、菠菜、豆类等。生产中可用一些化学药品处理来代替光的作用，如用硝酸盐（0.2% 硝酸钾）溶液处理，可代替一些喜光发芽种子对光的要求；赤霉素（100 mg/L）处理可代替红光的作用。

第二节 蔬菜机械化播种技术

一、蔬菜机械化播种现状

蔬菜播种机械化技术研究始于 20 世纪中期，20 世纪 80 年代后发达国家蔬菜播种机开始向精密和联合作业方向发展，对不规则蔬菜种子进行丸粒化以适应播种机作业开发，播种机上采用各种监视装置及自动控制技术提高播种精度。欧美发达国家的圆白菜、芹菜、莴苣、大白菜、洋葱、萝卜等蔬菜已实现机械化精量播种作业，我国则刚刚起步。

精密排种技术是蔬菜直播机械化技术的核心，机械式排种器是根据种子的尺寸和形状，通过型孔将种子从种箱中分离出来以完成播种。机械式排种器包括水平圆盘式、窝眼轮式和型孔带式等类型，适于对处理后外形规则的种子进行单粒精密播种，可实现每个窝眼填充一粒种子。20 世纪 80 年代起，欧美发达国家研发出气力式精密播种机，其气流一阶分配式集排种系统广泛应用于谷物条播机和蔬菜精量播种机上。国外在蔬菜精量播种技术领域不断创新，新原理和新技术层出不穷并推广应用，英国研发了液体播种技术和超音速播种技术，日本研发了静电播种技术和种子带播种技术，液压等技术在国外播种机上的应用也十分广泛。

亚洲国家的蔬菜消费习惯相似，日本和韩国的蔬菜播种机技术值得我国借鉴，目前从日韩引进较多的是日本矢琦公司的系列播种机和韩国（株）张自动化公司的播兰特系列蔬菜播种机。日本矢琦公司 SYV 系列蔬菜播种机采用手动、电动、拖拉机悬挂等多种方式，韩国（株）张自动化公司播兰特系列蔬菜播种机采用圆盘式排种部件。此外，韩国 HG 系列蔬菜播种机应用也比较广泛，其特点是采用舵轮式成穴播种器，排种、成穴、播种同时完成。

国内企业充分吸收并消化了国外机型及其他作物播种机的结构原理，研发的蔬菜播种机已在一定范围内推广使用。手推式小粒种子播种机适用于小区与棚室等设施农业，气力式蔬菜播种机排种器采用负压吸种原理，通过自然泄压排种后完成播种动作，采用正压吹风可除去排种孔处积压的多余小种子或杂物，能有效解决漏播问题以保证蔬菜出苗率。

二、田间直播技术

（一）撒播

撒播即采用人工或机械的方式将种子均匀地撒播于苗床上。撒播是小粒径种子播种采用的一种快速简便的直播方式，同时也是一种较粗放的直播方式，它的缺点是用种量较大，密度不易控制，后期管理不方便，产量难以保证。

这种播种方式多用于生长期短、面积小的速生菜类（如小白菜、油菜、小萝卜等）及西红柿、茄子、辣椒、结球甘蓝、花椰菜、莴苣、芹菜等育苗播种。这种方式可经济利用土地面积，但不利于机械化的操作管理。为避免发芽的种子落入湿泥中影响出苗，可先往厢面上撒一些细土后再播种，播种时种子掺上少量的细沙土撒种，注意撒种要均匀，播种后即覆土，厚 1 ~ 1.5 cm。这种方法种子浪费比较严重，出苗后往往需要进行间苗、补苗。

（二）条播

条播即将种子均匀地播成一条，行与行之间保持一定距离均匀播种。条播的作物有一定的行间距，通风和受光均匀，便于行间松土施肥。条播用种量少于撒播，但单行作物密度相对较大。

这种播种方法一般用于生长期较长和面积较大的蔬菜（韭菜、萝卜等）及需要深耕培土的蔬菜（马铃薯、生姜、芋头等）。速生菜（茼蒿等）通过缩小株距和宽幅多行，也采用条播。这种方式便于机械化的耕作管理，灌溉用水量少而经济。一般开 5 ~ 10 cm 深的条沟播后覆土踏压，要求带墒播种或先浇水后播种盖土，幼苗出土后间苗。

（三）穴播

穴播又叫点播，即按照规定的株距、行距进行播种，每穴内播种有多粒种子，是一种比较准确的播种方式。穴播既有条播的优点，用种量较之条播相对较少，且穴播由于边际效应的作用，由穴边缘向穴中心呈由大到小的有序状态分布，便于分级选苗。

这种播种方式一般用于单穴蔬菜（黄瓜、西葫芦、冬瓜、大白菜）及需要丛植的蔬菜（韭菜、豆类等）。穴播的优点在于能够创造局部的发芽所需的水、温、气条件，有利于在不良条件下播种而保证全苗旺。如在干旱炎热时，可以按穴浇水后点播，再加厚覆土保摘防热，待要出苗时再拟去部分覆土，以保证全苗。穴播用种量小，也便于机械化操作。育苗时，划方格切块播种和纸筒等营养钵播种均属于穴播。

（四）精播

精播即在规定的株距和行距要求下将每穴所播的粒数控制在一颗，是一种更为精确的播种方式。精播可以在保证出苗率的同时，将种子的用量控制为最小，使田间植株分布均匀、合理密植，甚至不需间苗。精量直播排种器有机械式和气力式两种。

机械式精量排种器播种小粒径种子时型孔过小则易造成堵塞和破损，型孔过大难以实现精播的要求。当前研究的重点主要是解决小粒径种子容易造成的型孔堵塞和种子破损两大技术难题。

气力式排种器对于播种大豆、玉米等大粒种子效果较好，适用于小粒径种子大田直播的气力式排种器则不多，主要原因是切断气流后小粒径种子靠其自重难以下落而刮种装置容易造成伤种。

三、排种器播种机基本结构

对于播种机来说，其播种方式和播种的质量主要取决于排种器，排种器是播种机的核心部件。多年来，国内外对播种机的研究改进，其中心问题也是放在对排种器的设计研究上。排种器种类很多，但按农业技术的播种方式可以把各类排种器归为三大类，即撒播排种器、条播排种器和点（穴）播排种器。

（一）排种器的类型和特点

条播是按要求的行距、播深与播量将种子播成条行，一般不计较种子的粒距，只注意一定长度区段内的粒数。条播根据作物生长习性不同，有窄行条播、宽行条播、宽窄行条播等不同形式。在农业生产上使用的条播排种器有外槽轮式、内槽轮式、磨纹盘式、锥面形孔盘式、摆杆式、离心式、匙式及刷式等类型。点（穴）播排种器用于作物的穴播或单粒精密点播，穴排式排种器将几粒种子成簇地间隔排出，而单粒精密播种时，则按一定的时间间隔排出单粒种子。目前在生产中使用较多的点（穴）播排种器形式有水平圆盘式、窝眼轮式、勺盘式、孔带式等；气力式包括气吸式、气吹式和气压式等。

1.条播式排种器的类型及特点

（1）外槽轮式排种器　外槽轮式排种器由排种器盒、排种轴、外槽轮、阻塞轮、花形挡环及清种舌等组成。排种器盒装在种子箱下面，种子通过箱底开口流入盒内。排种轴转动时，外槽轮及花形挡环可防止种子从槽轮两侧流出。该排种器适应性能广，除用于谷物条播外，还可用于颗粒化肥、固体杀虫剂、除莠剂的排施。它还可改变槽轮转动方向变为上排式（图7-1）。

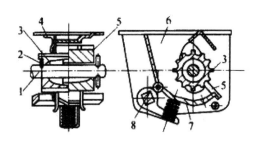

图7-1　外槽轮式排种器结构示意

1.排种轴　2.销钉　3.槽轮　4.花形挡环　5.阻塞轮　6.排种器盒　7.清种舌　8.清种方轴

（2）内槽轮排种器　内槽轮排种器的工作槽轮是个内缘带凹槽的圆环，槽轮分左右两个排种室：一室较浅，用以播小粒种子；另一室较深，用以播大粒种子。不用的一侧用盖板密封。工作时槽轮处于纵向铅锤位置随排种方轴转动。种子从种箱进入排种室，落入凹槽的种子随槽轮转动，带到一定高度后，当其重力超过摩擦力时即自动滑落，通过导种管、开沟器播入土壤中。内槽轮式基本上不损伤种子，排种无动脉现象，均匀性较外槽轮式好，但稳定性较差。这种排种器是靠改变排种轴转速来调节播量，因而传动机构复杂（图7-2）。

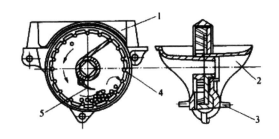

图 7-2　内槽轮排种器结构示意

1.盖板　2.排种杯　3.环轮　4.种子门定位器　5.闸门

（3）纹盘代排种器　纹盘代排种器的主要工作部件是在种子桶底部安装的水平回转圆盘。圆盘向下的一面带有弧行条纹。纹盘面与底座之间留有间隙，底座上根据播种行距要求均布排种孔。工作时，种子进入间隙中，纹盘回转时通过条纹带动间隙中的种子使其通过排种孔排出。多余的种子从纹盘周缘的缝隙上升回流，再从圆盘上的通道进入纹盘间隙。在种子桶底上的排种孔数，就是播种的行数，因而可用一个播种纹盘条播几行谷物，当作谷物条播机使用。改变排种孔的大小和纹盘转速，可以调节播量；改变纹盘间隙，则可用于不同粒型的光滑种子（图7-3）。

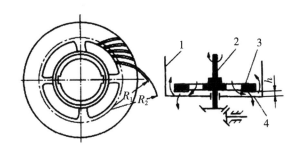

图 7-3　纹盘代排种器结构示意

1.种子筒　2.传动轴　3.纹盘　4.排种口

（4）锥面型孔盘式排种器　锥面型孔盘式排种器是在水平圆盘基础上改进的一种新型排种器，它的工作过程是种子在锥面型孔盘的旋转带动下，靠重力和离心力作用沿斜面下滑。充满圆周的平面环带，一部分进入型孔随圆盘转动。多余的种子被刮种器推下，沿输种管排出。该排种器设计了便于种子囊入的沿圆周切线方向排列与种子开头相似的长圆形型孔，型孔前设有引种倒角，以利种子顺利囊入；后壁设有退种倒角以利多余种子顺利退出；型孔向下呈喇叭状，以利种子在投种时顺利投落；型孔之间有导种槽连接，辅助种子囊入型孔。它装有垂直柱塞式投种轮，可以刮去型孔内多余种子，将型孔内种子推向排种口，投种轮采用弹性柱塞和自动旋转的柔性投种轮可以保持合适的压力，在旋转中击种，接触点适应性大，推种效果好，种子损伤率低，耐磨损，灵活可靠（图 7-4）。

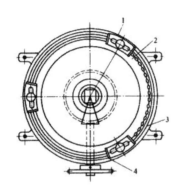

图 7-4　锥面型孔盘式排种器结构示意

1. 投种器总成　2. 锥面型孔盘　3. 排种器底座　4. 投种孔盘

（5）离心式排种器　离心式排种器的主要工作部件是在种子箱内安装的倒置锥筒，锥筒内侧焊有螺旋叶片。锥筒在动力驱动下高速旋转，种子由锥顶附近的进种口进入排种锥筒后，受旋转离心力的作用沿锥面上升，从排种口进入输种管口，可以播种多行。改变进种口大小，可调节播量。这种排种器构造简单、重量轻、排种均匀度较高。各行播量一致性取决于加工精度及装配质量。影响排种性能的因素有锥筒的转速、种子的外形等，每转排种量因锥筒转速变化而改变，故不利于保持稳定的播量（图 7-5）。

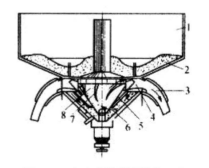

图 7-5　离心式排种器结构示意

1. 种子筒　2. 种子　3. 输种管　4. 出种口　5. 隔锥　6. 进种口　7. 叶片　8. 排种锥筒

（6）摆杆式排种器 摆杆式排种器靠转动轴带动曲柄连杆机构传递给往复摆杆，来回搅动种子，导针在排种口做上、下往复运动，可清除种子堵塞和架空现象，保证排种的连续性。它对各类谷物适应面广，结构简单，排种均匀性较好，不足是播量调节困难、排种口对播量影响较大（图7-6）。

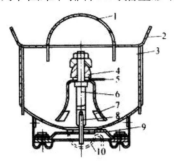

图7-6 摆杆式排种器结构示意

1. 钏罩 2. 种箱 3. 排种盒 4. 摇杆轴 5. 间隙调整片 6. 摆杆 7. 摆锤
8. 导针 9. 排量调节板 10. 封闭环

（7）匙式排种器 匙式排种器排种轮两侧装有相互交错排列的小匙，工作时小匙从种子进入区舀起种子转至上方投种区时将种子倒入排种漏斗上。排种轮分左右两部分，可以通过调整螺钉改变小匙伸出的距离，借以调节播量，它对粒形的适应性广，对小粒种子有独特优点，但机器在田间若受不规则的振动，对排种均匀性和播量均有影响（图7-7）。

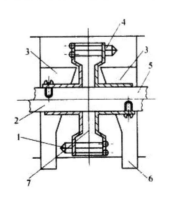

图7-7 匙式排种器结构示意

1. 左排种匙 2、5. 排种半圆轴 3. 排种漏斗 4. 右排种匙来 6. 排种轮 7. 排种口

（8）刷式排种器 刷式排种器主要由一个有一定弹性的刷轮和一个带孔的调节板组成，工作时弹性刷轮转动拨动种子从排种孔口排出，专用于油菜、三叶草、苜类等小播量的光滑种子，播量主要由排种口大小来调节，刷轮的转速影响播量和均匀程度（图7-8）。

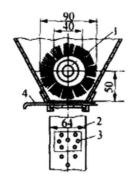

图7-8 刷式排种器结构示意

1.刷轮 2.播量调节板 3.排种孔 4.插门

2.点（穴）播排种器类型及特点

（1）水平圆盘式排种器 水平圆盘排种器的排种圆盘周边可以根据种子粒型制成不同的型孔，圆盘在地轮驱动下旋转，将充入型孔内的种子带至排种口排出，通过导种管播入土中。在排种圆盘上方装有刮种器和推种器，前者将型孔上的多余种子刮去，后者将型孔内的种子推出落入排种口，完成排种过程。其优点是结构简单、工作可靠、均匀性好，但由于圆盘线速度的许用值较低，因而对高速播种的适应性较差。特别是在单粒精密播种时，对种子尺寸要求很严，种子须严格按尺寸分级（图7-9）。

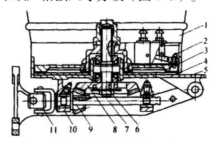

图7-9 水平圆盘式排种器结构示意

1.种子筒 2.推种器 3.水平圆盘 4.下种口 5.底座 6.排种立轴
7.水平排种轴 8.大锥齿轮 9.小锥齿轮 10.支架 11.万向节轴

（2）窝眼轮排种器 窝眼轮排种器的工作部件是一个绕水平轴旋转的窝眼轮，窝眼轮转动时，种子靠重力滚入型孔内，经刮种器刮去多余的种子后，窝眼内种子随窝眼沿护种板转到下方，靠重力下落或由推种器投入种沟。它适宜于播粒度均匀的种子，而以播球状种子效果最好。为便于充种，在型孔入口处开有倒角，大直径的窝眼轮可以降低投种高度，有利于提高播种的均匀性。可制作多个窝眼轮备用，也可将窝眼轮制成滑套式，滑套可轴向移动以调节窝眼轮横向大小；或在一个窝眼轮上制作大小不同的型孔，工作时将不需用的型孔盖住（图7-10）。

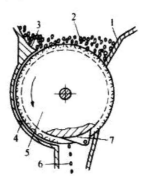

图 7-10 窝眼轮排种器结构示意

1. 种子箱 2. 种子 3. 刮种片 4. 护种板 5. 窝眼轮 6. 排种 7. 投种片书储

（3）组合内窝孔精密排种器 该排种器的工作过程为：种箱内的种子由进种口进入排种器内腔，随着内窝孔轮的转动，数粒种子在重力的作用下进入充填孔（一次充种）。随之其中一粒种子在摩擦力和重力的作用下，由充填孔进入内窝定量孔（二次充种）。内窝孔轮继续转动，当充填孔进入清种区时，多余种子在重力作用下落回排种器内腔。而保持在内窝定量孔中的一粒种子随内窝孔轮继续转动并进入投种区，直到投种口时被投出，完成排种过程（图7-11）。

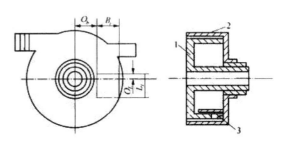

图 7-11 组合内窝孔玉米精密排种器结构示意

1. 内窝孔轮 2. 壳体 3. 内护种板

（4）孔带式排种器　孔带式排种器主要工作部件是一个柔性的橡胶带，胶带上有型孔。位于胶带上的种子在胶带运动时进入型孔内依次排列。孔带式排种器有两种形式，一种是充有种子的型孔移动到清种轮下方时，清种轮将多余的种子清除并将型孔中的种子推出落至土中；另一种是充有种子的型孔带移动到上方时，由另一胶带将种子压住，护送到下部排出（图7-12）。

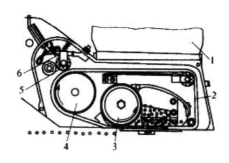

图7-12　孔带式排种器结构示意

1.种子箱　2.型孔带　3.清种、投种刷轮　4.驱动轮　5.监测器滚轮　6.监测器触点

（5）气吸式排种器　气吸式排种器是依靠空气压力将种子均匀地分布在型孔轮或滚筒上完成播种作业过程。它多用于中耕作物如大豆、玉米、棉花等大粒种子的精播机上，具有作业质量高、排种均匀性好、种子破碎率低、适用于高速作业等特点；但它需要在播种机上安装风机，对气密性要求较高，结构相对较复杂，风机需要消耗大量功率。气吸式排种器有一个带有吸种的垂直圆盘，盘背面是与风机吸风管连接的真空管，正面与种子接触。当吸种盘在种子室中转动时，种子被吸附在吸种盘表面的吸种孔上。当吸种盘转向下方时，圆盘背面由于与吸气室隔开，种子不再受吸种盘两面压力差的作用，由于自重落入开沟器完成排种过程（图7-13）。

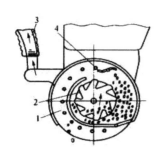

图7-13　气吸式排种器结构示意

1.吸种盘　2.搅拌轮　3.吸气管　4.刮种板

（6）气吹式排种器　气吹式排种器带有一个锥型孔的吸种圆盘，型孔底部有与圆盘内腔吸风管相通的孔道，称为吸种孔，当圆盘转动时，种子从种子箱滚入圆盘的锥形孔上，压气喷嘴中吹出气流压在锥型孔上，被转动圆盘运送到下部投种口处，靠自重作用落入开沟器投入种沟（图7-14）。

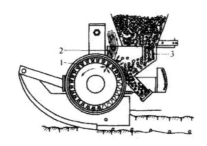

图7-14　气吹式排种器结构示意

1.排种轮　2.喷嘴　3.种子

（7）气送式排种器　气送式排种器的工作部件是一个回转的排种滚筒，在筒的内壁设有均匀分布的窝眼通孔，孔底部与外界大气相通，风机的气流从进风管进入排种筒，再通过接种漏斗进入气流输种管，筒内压力高于大气压，种子在压差作用下贴附于窝眼上并随排种管转动上升，刷种轮将孔上多余的种子刷掉，弹性阻塞轮从滚筒外缘将孔堵住切断气流，种子即从孔中落入输种软管，此时因阻塞轮将孔封闭，气流便被导入输种管，种子便被气流强制吹落到开沟器开出的种沟中（图7-15）。

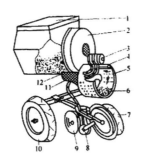

图7-15　气送式排种器结构示意

1.种子箱　2.风机　3.弹性阻塞轮　4.刷种轮　5.排种滚　6.种子　7.镇压轮
8.覆土器　9.开沟器　10.行走轮　11.排种软管　12.排种口

157

（二）影响排种器工作性能的因素

1. 条播排种器的排种均匀性

条播排种过程一般是将整箱种子形成连续不断的种子流。按精准量播种的要求应该是精确、可控、定量地从种子群中分离出单粒或定数种子，形成明显等时距、均匀的种子流，但实际上受多种因素影响而达不到理想的要求，原因是受分离元件和定量元件的工作质量及环境客观条件的限制。

外槽轮排种器是靠槽轮转动时齿脊拨动种子强制排种，槽轮转到凹槽处排出的种子较多，齿脊处排出的种子较少，因此种子流呈脉动现象，影响了均匀度。为了克服其脉动性，在加工槽轮时将槽轮的轮槽交错排列，或将正槽做成螺旋斜槽，有助于提高均匀性，但仍不能从根本上消除排种脉动现象，这是外槽轮排种器的基本缺陷。

根据种子的粒型不同，可以调节外槽轮排种器的清种舌的开口，改变排种间隙。不过，间隙过大时，部分种子可能自流排出，影响排种均匀性和播量稳定。间隙过小时则种子损伤率增大。

为克服种子自流现象，有些播种机在清种舌上方安装毛刷成弹性刮种器，可有效地提高排种均匀性。

2. 点（穴）播型孔式排种器的充种能力

型孔盘和窝眼轮的排种质量取决于型孔和窝眼的充种效果。为了获得高的充种率，种子必须精选并按尺寸分级，形状不规则的种子还要进行丸粒化加工，以保证籽粒大小均匀。

（1）型孔的形状和尺寸对充种性能的影响　　在确定型孔尺寸时，要使种子在填充几率较大的情况下按一定的排列方式就位。试验表明，扁粒种子常以侧立或竖立状态从种箱侧壁向下运动进入型孔，由于摩擦力和离心力的关系，以侧立式型孔充种情况较好。

型孔盘的线速度大小对种子充填性能及投种准确性有直接影响。线速度过高，型孔通过充种区时间短，种子有可能来不及进入型孔，造成漏播。

（2）气吸式排种器的吸附能力　　在竖直面内回转的气吸式排种盘，针对被吸附种子的受力情况，真空度愈大，吸孔吸附种子的能力愈强，不易产生漏吸。但若真空度过大，一个吸孔吸附几粒种子的可能性加大，使重播率增大。此外，吸孔直径愈大，则吸孔处对种子的吸力愈大，可减少漏吸，但会增加重吸。目前采用加大真空度以减少漏吸，同时采用清种器来清除多吸的种子。

（3）清种方式　对于点（穴）播排种器，种子充入型孔时可能附带多余的种子而必须加以清除，以保证精量播种。刮板式和刷轮式清种法适于水平型孔盘、窝眼轮等形式的排种器。刮板或刷轮须有弹簧保持稳定的弹性，以免伤种且能可靠地清除多余种子。刷轮以本身的旋转作用，用轮缘将多余的种子刷走，刷轮的线速度应大于或等于型孔线速度的 34 倍。气吸式排种器上常用齿片式清种器；气吹式排种器上常用气流清种，原理新颖，效果良好（图7-16）。

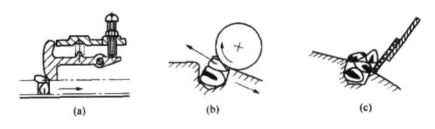

图 7-16　清种器结构示意

（a）刚性清种板　（b）弹性清种轮　（c）橡胶刮种片

（4）排种器的同步传动　为保证在播种机前进时播种排量与动力机转速快慢无关，排种器的排种速度必须与播种机的前进速度严格同步，因此，播种机排种器由地轮驱动。但是，由于地面凹凸起伏及地轮不规则的滑移，使排种速度与播种机前进速度不能完全同步，这就影响播种的均匀性和株距的精确性。因此，应尽量减小地轮的滑移，采取的主要措施是用较大直径的地轮和在轮辋上安装轮刺以提高地轮的抗滑移性能。从整体驱动与单组驱动方式看，单组驱动受工作条件差异和不均匀传动影响，易形成各个排种器不均匀性，造成各行排量的不一致性；而整体传动能减少传动滑移的不一致性和不稳定性，从而提高排种均匀性和沟内种子粒距的精确性。

（5）投种高度与投种速度　充满种子的型孔运动到预定位置（投种口）时，应将种子及时投出，否则种子在行内的粒距精确度将受到影响。故有些排种器设有投种器进行强制投种。

投种高度（投种口至种沟底面的距离）对种子在种沟内的分布有很大影响。从排种口均匀排出的种子经过这段路程后，由于受空气阻力和导种管壁碰撞的影响，使种子无法保持初始时的均匀间距。投种高度愈大，种子经历的路程愈长，所受的干扰就愈大，容易引起种子落点不准。因此，应尽量缩短导种管长度，减小开沟器高度，降低投种高度。

投种时种子在机器前进方向的绝对水平分速也是不容忽视的一个重要的因素。此速度为排种盘在投种时的水平分速与机器前进速度之和。绝对水平分速越大，种子与沟底的碰撞及弹跳越厉害，播种质量越差。如果水平分速和机器前进速度大小相等、方向相反，则种子绝对水平分速等于零，这时种子落点精度高，就是所谓的零速投种。

（三）播种机的其他辅助部件

播种机的总体结构除以上所述的排种器和开沟器之外，还有机架、种子箱、行走传动部分和一些配件。机架用来支撑整机及安装各种部件，并负责连接动力机；行走传动部分包括地轮和转动箱，视播种机形式而定；种子箱多采用整体结构，与机架连成框架，以增加其刚度。其他附件包括导种管、覆土器、镇压轮及划行器，它们分别对播种的质量及种子入土后覆盖、压实、着床出苗起着重要作用。

1. 导种管

导种管用来将排种器排出的种子导入种沟。对导种管的要求是：对种子流的干扰小，有足够的伸缩性并能随意挠曲，以适应开沟器升降、地面仿形和行距调整的需要。在谷物条播机上，排种器排出的均匀种子流因导种管的阻滞均匀度变差。在精密播种机上，导种管及开沟器上的种子通道往往是影响株距合格率的主要因素。因此，应尽量缩短导种管的长度。

导种管可采用金属软片或钢丝卷制，也可使用橡胶、塑料软管制成，要求都应具有一定的弹性和伸缩性。金属蛇形管对种子下落的阻碍较小，但成本较高，重量较大。目前以使用塑料管最为普遍。

2. 划行器

划行器的作用是播种作业行程中按规定距离在机组旁边的地上划出条沟

痕，用来指示机组下一行程的行走路线，以保证准确的邻接行距。划行器安装在播种机的机架上，两侧各有一个。一侧工作时，另一侧升起，交替更换。小型播种机的划行器由人力换向，大型播种机则由机力、液力或电力换向。

3. 覆土器

开沟器只能使少量湿土覆盖种子，不能满足覆土厚度的要求，通常还需要在开沟器后面安装覆土器。对覆土器的要求是覆土深度一致，不改变种子在种沟内的位置。播种机上常用的覆土器有链环式、弹齿式、爪盘式、圆盘式、刮板式等。

链环式、弹齿式、爪盘式为全幅覆盖，常用于行距较窄的谷物条播机；圆盘式和刮板式覆土器，则用于行距较宽、所需覆土量大、要求覆土严密并有一定起垄作用的中耕作物播种机。

4. 镇压轮

镇压轮用来压紧土壤，使种子与湿土严密接触。对镇压轮的要求是其压强为 35 N/cm^2，压紧后的土壤容重一般为 0.81.2 g/cm^3。有些镇压轮还被用作开沟器的仿形轮或排种器的驱动轮。

平面和凸面镇压轮的轮辋较窄，主要用于沟内镇压；凹面镇压轮从两侧将土壤压向种子，种子上方部位土层较松，有利于幼芽出土；空心橡胶轮其结构类似没有内胎的气胎轮，它的气室与大气相通（零压），胶圈受压变形后靠自身弹性复原，这种镇压轮的优点是压强恒定。

四、机械化播种注意事项

（一）蔬菜播种技术要求

1. 农业技术要求

适时播种，按要求的播量、播深、株、行距等指标进行，播量稳定、播深一致、粒距均匀。

2. 播种机的性能要求

播种量符合规定、种子分布均匀、种子播在湿土层中且用湿土覆盖、播深一致、种子破损率低。对条播机还要求行距一致，各行播量一致。对点播机还要求每穴种子数相等，穴内种子不过度分散。对单粒精密播种机，则要求每一粒种子与其附近的种子间距一致。

（二）一般机械化播种注意事项

1. 品种及种子选择

选用适合直播的优质、抗病力强、丰产性好的蔬菜品种。

2. 种子处理

首先对购买的蔬菜种子进行精选，提高种子的纯净度、发芽率；其次进行包衣处理，使种子直径大小一致，同时又可以起到防病治虫和促进生根发芽的作用；对个别种子籽粒较大，也可采用非包衣方式直播。

3. 排种槽轮选择

根据蔬菜品种及籽粒直径大小，选择搭配不同孔径、孔数的排种槽轮及传动齿轮，实现不同蔬菜品种及籽粒大小直播的农艺要求。

4. 土地整地

为能发挥播种机功效，需做好田内的土质整理，达到适合所种植的蔬菜种类和其栽培要求。耕整前需使土壤充分干燥，除去石头与土块等，使用旋耕机充分碎土并使田块尽量整细整平。

根据蔬菜品种及播种机具幅宽合理设计厢面宽度，确保种子距厢边有 50 mm 左右宽度，同时做到厢沟与边沟互通，沟深 300 mm 左右。

5. 出苗期水分管理

播种后如遇天气晴好，土壤水分不足时应采取洒水方式补足水分，以利出苗齐、出苗全。如遇暴雨或连续阴雨时，应及时排水，严防渍水烂种闷苗。

（三）丸粒化播种技术要求

种子丸粒化技术是将微小的、不规则的、超轻的种子通过包衣技术制成统一大小、统一规格的丸粒化种子。利用播种机根据作物生长相应的株行距，一次播种定植的综合技术。

1. 对种子的要求

第一，种子丸粒化前要经过粗选、精选，将种子中的杂质清除。

第二，将种子中的超小、干瘪、发芽率低的种子剔除。

2. 丸粒化技术要求

第一，包衣过程中水分控制合适，初次着粉时，根据种子的多少适当调节水量，当种子量在 100 g 以下时，供水量在 10 ~ 15 mL/min; 种子量在 100 ~ 150 g 时，供水量在 15 ~ 20 mL/min; 种子量在 150 ~ 200 g 时，供水量在 20 ~ 25 mL/min。初次着粉后立即观察机器中的湿度，再进行微量调控，在种子初次均匀着粉后，适当增加供水量。

第二，包衣种子的大小控制，根据原种子的大小，一般包衣到 15 ~ 20 倍为宜，太小不利于机械化播种，太大不利于种子发芽。

3. 播种轮的选择

第一，播种轮孔距的选择，根据播种机链轮速比调节范围，选择相应孔数和孔距的播种轮。

第二，孔穴的大小应大于丸粒化种子 1.5 ~ 2 mm，保证种子在穴位中宽松，能自由落下。

第三，孔穴的深度应没过种子的平面，即种子在孔穴中不能超过播种轮的平面。

4. 丸粒化直播对土地的要求

第一，直播土地必须经过精细化耕作后起垄，垄高 25 ~ 30 cm，垄面平整，每米高低差小于 2 cm。

第二，土粒较细，土块不大于 15 mm，要保证种子与土壤接触，不能悬空。

第三，土质松软，土的表面充分与种子接触，土层松软，有利于种子发育后，苗根向下生长。

第四，播种深度在 2 cm 左右为宜，不能太深。大部分作物播在土表，经过播种机的镇压轮压入土表即可。

5. 播种后的管理

第一，丸粒化的种子对水的需求较大，播种后应立即浇水，丸粒化种子的丸化粉在充分吸水后才能裂开或松软，吸水后的种子才能发芽。播种后每天浇水 1 ~ 2 次，使种子保持水分充足。

第二，在播种后的次日，可以实施封闭式除草剂，24 h 后方可再次浇水。

第三，请使用喷淋的方式浇灌，不能用水淹的方式浇灌。

第四，直播后的作物一般在播后 5 ~ 7 d 出苗，注意观察。夜间温度应高于 15 ℃。低温发芽和生长较慢。

五、机械化播种试验

（一）试验要求

试验地为已耕地，地表应较平整，土壤类型和结构应均匀。

前茬作物的深度、土壤类型、土壤结构（土层垂直断面上的土块分布、尺寸及含水量）应记入试验报告。

试验用种子尺寸特征（形状和颗粒轮廓）、净度（杂质、坏种和破损种子的百分数）、千粒重（百粒重）以及该批种子的含水量，应记入试验报告。

观测环境湿度并记入试验报告。

土层结构可以用示意图表示，附在试验报告中。

如可能，可用土壤坚实度仪测定地表 0 ~ 10 cm 深度的土壤坚实度。

试验的持续时间应足以取得有效的结果。

机具从试验开始到终止在正常工作条件下应运转正常，除了在地头正常转弯外，不应停车。

至少测定 5 行，测定长度应大于规定所播种子的 250 粒距长度。

首次测定应在播种开始 20 m 后进行，最后测定应在播种结束前 20 m 停止。

试验机构应按制造厂产品说明书规定测定试验用种子。

如仅作一种试验，则应以 2 m/s 的前进速度进行。

理论的播量应是该类型作物的规定播量。

播深应是该种作物最适宜的播深，并应记入试验报告。

（二）规定性试验

规定性试验主要测定播种粒距的精确度和播种量。

每次测定试验应在 3 个不同的播种单体上进行，或在一台多行播种机上取 3 行，如果每个播种单体都有独立的排种装置则取 3 个独立的播种单体进行试验。

测定种子粒距的方法是量取相邻两粒种子间的几何中心距离，测量单位为毫米（mm）。

（三）单粒（精密）播种机检测内容

1. 粒距

播行内相邻两粒种子间的距离。理论粒距由制造厂家规定和控制机构所能控制的种子间距。

2. 漏播

理论上应该播 1 粒种子的地方而实际上没有种子称为漏播。统计计算时，凡种子粒距大于 1.5 倍理论粒距称为漏损。

3. 重播

理论上应该播 1 粒种子的地方而实际上播下了两粒或多粒种子称为重播。统计计算时，凡种子粒距小于或等于 0.5 倍理论粒距称为重播。

4. 滑移率

播种机在田间作业中，传动（地）轮运转时，相对于地面的滑移程度。

$$\delta_1 = \frac{S - 2\pi Rn}{2\pi Rn} \times 100$$

式中：

δ_1——滑移率，单位为百分率（%）；

S——传动轮走过的实际距离，单位为米（m）；

R——传动轮半径（刚性轮测轮子的外缘，不计轮缘外凸出物；橡胶轮测量轮胎承载后的静半径），单位为米（m）；

n——传动轮在路程 S 内的转数。

5. 滑转率

以驱动轮为传动轮的播种机，在田间作业中传动轮运转时相对于地面的滑转程度。

$$\delta_2 = \frac{2\pi Rn - S}{2\pi Rn} \times 100$$

式中：

δ_2——滑转率，单位为百分率（%）。

第三节　蔬菜播种机械

蔬菜直播机械按照排种方式可分为机械式和气力式。按播种行数可分为单行、双行、多行。按行走方式可分为自走式、牵引式、悬挂式。按动力类型可分为手动、电动和燃油式。按作业功能还可分为单一播种机和集整地、播种、施药、覆膜等功能于一体的复式作业机。

一、机械式播种机

（一）功能特点

机械式排种机包括垂直圆盘式、垂直窝眼式、锥盘式、水平圆盘式、倾斜圆盘式、带夹式等。我国目前的机械式蔬菜直播机以窝眼轮式居多，结构简单，制造成本低，但排种精度较低，对异形种的适应性较差。

（二）结构与使用

1. 手推式蔬菜播种机结构与使用

下面以矢崎 SYV-2/3 型手推式蔬菜播种机（图 7-17）为例进行介绍。手推式蔬菜播种机，由前端的驱动轮、链条盒、标配开沟器、株距对照表、拉

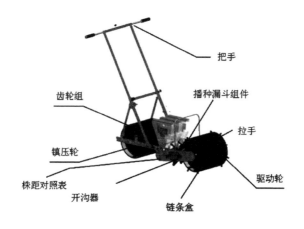

把手

齿轮组　　　播种漏斗组件

镇压轮　　　　　　拉手

株距对照表　　　　　　驱动轮

开沟器　　链条盒

图 7-17　手推式蔬菜播种机结构示意

手以及中后端的播种漏斗组件、镇压轮、把手和齿轮组组成。工作时，在人力的推动下，驱动轮通过链传动，带动播种轮转动，播种轮孔内种子在重力作用下，落入开沟器开出的沟内，最后通过镇压轮覆土、镇压。

使用要求：一是确认各个部位的螺栓、螺母有无松动或者脱落；二是采用精选种子，确认无杂物、石头金属片等异物混入；三是确保种子干燥，勿在雨天作业，以免淋湿种子；四是操作者调节播种机各部位高低至作业舒适状态；五是播种机转弯调头时将把手下压使前轮悬空状态下调头转弯。

维护保管要求：一是作业结束后，将漏斗内的种子全部排出，清洗干净；二是为播种槽轮单元以外的旋转部位注油，确认运作顺畅；三是保管时，放置在通风良好、干燥的场所。

2. 电动式蔬菜播种机结构与使用

以矢崎 SYV-M500W 电动式蔬菜精密播种机为例，在手推式蔬菜精密播种机基础上，增加了蓄电池、直流马达，行走、播种动力来自于直流马达（图7-18）。

图 7-18　电动式蔬菜精密播种机

电动蔬菜精密播种机作业效率明显提高，劳动强度大大降低。作业效率达到 1.5 亩 / h。

3. 机动蔬菜播种机结构与使用

以康博 2BS-JT10 型机动蔬菜播种机为例进行介绍（图 7-19）。

图 7-19　机动蔬菜播种机

　　如图 7-20 所示，机动蔬菜播种机由发动机、种子箱、排种器、开沟器、镇压轮、驱动轮等组成。发动机启动后，动力传递到驱动轮，驱动播种机前进，开沟机进行开沟；与此同时，动力又传递到前齿轮，带动镇压轮对田地镇压；前齿轮还通过链传动到后齿轮，后齿轮轴再带动播种轮旋转进行播种，最后驱动轮压实，完成播种工作。

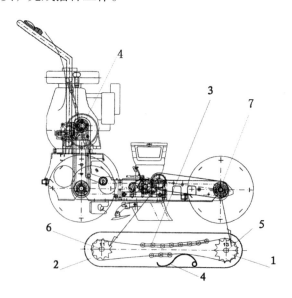

图 7-20　机动蔬菜播种机结构示意

1.前齿轮　2.后齿轮　3.驱动轮　4.发动机　5.种子箱　6.开沟机　7.镇压轮

操作使用要求：首先手动模式启动，拉动拉杆启动发动机。其次开启引擎后，调节速度控制杆来控制机器工作时的速度，使机器由慢到快的工作。再次和行进的方式相反，扭动速度控制杆使发动机转速降低从而使机器减速停止。最后机器减速后，按下停止按钮，关闭引擎后放手。

维护保养要求：播种季节结束后，彻底清扫播种机上的尘垢，清洁播种箱内的种子。清洗播种机的各摩擦部分和传动装置，并润滑，如系传动链条，晾干后涂上防锈剂。检查连接件的紧固情况，如有松动，应及时拧紧。齿轮传动装置外部及排种轴应涂以润滑油。对各链条应调整到不受力的自由状态。

保存要求：播种机应放在干燥、通风的库房内，如果在露天保管时，则木制种子箱必须有遮盖物，播种机两轮应垫起。机架亦应垫起以防变形。备品、零件及工具应交库保存，播种机在长期存放后，在下一季节播种使用之前，应提早进行维护检修。

（三）代表机型

1. 德易播 DB-S01 系列人力式蔬菜播种机（图 7-21）

播种行数：根据要求可 1 ~ 6 行

播种株距：2 ~ 51 cm

播种行距：6 ~ 18 cm

播种深度：0 ~ 5 cm

播种幅宽：10 ~ 70 cm

主要特点：株距、行距、深度可调，可根据种子大小、株距不同更换不同播种轮。可播种胡萝卜、芜菁、甜菜、洋葱、芋头、菠菜、青笋、结球甘蓝、芦笋、落葵、生

图 7-21 德易播 DB-S01 系列人力式蔬菜播种机

菜、芹菜、白菜、小白菜、葱、雪里红、油菜、辣椒、西兰花、油菜等各种小颗粒蔬菜和药材种子。

2. 德易播 DB-S02-4 电动自走式蔬菜播种机（图 7-22）

播种行数：4 行

播种株距：2 ~ 51 cm

播种行距：6 ~ 18 cm

播种深度：0 ~ 5 cm

作业效率：3 ~ 5 亩 /h

播种幅宽：55 cm

主要特点：株距、行距、深度可调，可根据种子大小、株距不同更换不同播种轮。

3. 矢琦 SYV–M600W 系列电动式蔬菜播种机（图 7–23）

外形尺寸：1 300 mm × 700 mm × 1 000 mm

图 7–22　德易播 DB–S02–4 电动自走式蔬菜播种机

图 7–23　矢琦 SYV–M600W 系列电动式蔬菜播种机

整机重量：42 kg

播种行数：11/13/17 行

播种行距：50 mm

播种幅宽：490/590/790 mm

地轮直径：260 mm

生产效率：2 ~ 5 亩 / h

主要特点：播种株距可调，更换槽轮可适用小白菜、菠菜、洋葱、葱、胡萝卜、白菜、卷心菜、莴苣等小粒蔬菜种子。

4. 康博 2BS–JT10 精密蔬菜播种机（图 7–24）

外形尺寸：1 050 mm × 1 025 mm × 860 mm

整机重量：98 kg

汽油机功率：2.94 kW

播种行数：1 ~ 10 行

播种株距：2.5 ~ 51 cm

播种行距：9 ~ 90 cm

播种深度：0 ~ 7 cm

图 7–24　康博 2BS–JT10 精密蔬菜播种机

工作幅宽：83 cm

主要特点：一次性完成开沟、播种、覆土作业，可一穴一粒或多粒，适用于绿叶蔬菜的精密播种。

5. 矢琦 SYV-TU 系列悬挂式播种机（图 7-25）

外形尺寸：860 mm × 150 mm，1 200 mm × 1 400/1 700/2 200 mm

播种行数：1/2/4/6/8 行

播种行距：最低 18 cm

开沟深度：0 ~ 4 cm

开沟宽度：3 cm

主要特点：播种株距可调，更换槽轮可适用萝卜、胡萝卜、菠菜、葱、包衣种子等。

图 7-25　矢琦 SYV-TU 系列悬挂式播种机

6. 德易播 2BSZ-180-5 自走式大蒜播种机（图 7-26）

整机重量：145 kg

播种株距：8 ~ 13 cm

播种行距：18 cm

播种深度：0 ~ 5 cm

播种幅宽：100 cm

作业效率：2 ~ 3 亩 /h

主要特点：株距、深浅可调节，精量播种，有震动系统可将多余种子震动掉。

图 7-26　德易播 2BSZ-180-5 自走式大蒜播种机

7. 德易播 2BSQ-180-6 悬挂式大蒜播种机（图 7-27）

整机重量：165 kg

播种株距：8 ~ 16 cm

播种行距：18 cm

播种深度：0 ~ 5 cm

播种幅宽：130 cm

作业效率：5 ~ 6 亩 /h

主要特点：株距、深浅可调节，精量播种，有震动系统可将多余种子震动掉。

8. 洪珠 2 mB–1/2 马铃薯播种机（图 7-28）

整机尺寸：

1 700 mm × 1 200 mm × 1 300 mm

结构重量：260 kg

配套动力：20 ~ 35 马力

工作效率：3 亩 /h

垄距：85 ~ 120 cm

垄高：0 ~ 5 cm

图 7-27　德易播 2BSQ-180-6 悬挂式大蒜播种机

播种深度：8 ~ 15 cm

播种行距：24 ~ 28 cm

播种株距：20 ~ 35 cm

地膜宽度：80 ~ 95 cm

亩施肥量：0 ~ 200 kg

图 7-28　洪珠 2 mB–1/2 马铃薯播种机

9. 矢崎 SYG-8 播种机（图 7-29）

播种行数：8 行

整机重量：56 kg

播种间距：11.5 ~ 19.5 cm

播种株距：15 ~ 40 cm

种箱容量：80 L

排种方式：滑动滚动开口度调节式

图 7-29　矢崎 SYG-8 播种机

驱动方式：马达控制驱动（车速联动型）

作业速度：1 ~ 5 km/h

二、气力式播种机

（一）功能及特点

气力式排种器包括气吸式、气压式、气吹式等。

气吸式排种器利用负压吸种，完成种子种群的分离、输种，在投种区切断负压，依靠种子的自身重量或刮种装置对种子作用，完成投种过程。

气压式排种器利用正压将种子压在排种滚筒的窝眼上，滚筒转动到投种区，正压气流截断，种子在重力作用下离开窝眼。

气吹式排种器在排种工艺上基本与窝眼轮式排种器相似，不同点是利用气流把多余的种子清理掉。

（二）典型机型技术参数

1. 德易播 2BS-1-130 气吸式蔬菜播种机（图 7-30）

播种株距：1 ~ 41 cm

播种行距：13 ~ 60 cm

播种深度：0 ~ 5 cm

播种幅宽：200 cm

整机重量：450 kg

作业效率：8 ~ 10 亩/h

主要特点：精量播种，适合小颗粒种子，行距、株距、深度可调。

图 7-30　德易播 2BS-1-130 气吸式蔬菜播种机

2. 德沃 2BQS-8X 气力式蔬菜播种机（图 7-31）

外形尺寸：2 500 mm × 1 880 mm × 1 530 mm

整机重量：550 kg

配套动力：≥ 60 马力

工作幅宽：250 cm

作业行距：≥ 32 cm

苗带间距：7 ~ 12 cm

作业行数：4（8 苗带）

主要特点：可选配铺滴灌带、覆膜、压深沟等机构。

3. 英国 STANHEY 精密播种机（图 7-32）

播种组件：1 ~ 36 组（常用 5 ~ 18 组）

图 7-31　德沃 2BQS-8X 气力式蔬菜播种机

每组播种行数：1 ~ 4

种子大小要求：0.2 ~ 5 mm

播种行距：25 ~ 200 mm

播种株距：10 ~ 1 000 mm

播种深度：0 ~ 30 mm

配套动力：≥ 75 马力

图 7-32　英国 STANHEY 精密播种机

第八章 田间管理机械

第一节 蔬菜田间管理技术

一、蔬菜施肥技术

（一）蔬菜需肥特点

1. 蔬菜需肥量大

蔬菜需肥量大，这是由蔬菜耐肥性强、产量高、生物产量大而决定的，应增加施肥量，否则会严重影响产量和品质，特别要重施有机肥作基肥，一般每亩用量应达 1 000 kg 左右，除有机肥作基肥外，还应施氮磷钾复合肥，生长期还要以追肥的形式多次施肥，以满足蔬菜需要。

2. 蔬菜喜硝态氮肥

氮肥分两类，一类是铵态氮，另一类是硝态氮。蔬菜对硝态氮肥如硝酸铵、硝酸钾等含硝基的氮特别喜爱，吸收量高，而对液态氨的氨水、碳铵、尿素等的吸收小。一般蔬菜实际吸收铵态氮的量不应超过总氮肥量的30%，如果长时间过多供给铵态氮，会影响蔬菜的生长发育和产量。

3. 蔬菜对硼、钙、钾等矿质元素有特殊要求

蔬菜栽培中易发生缺硼问题，缺硼常会引起落花落果、茎秆开裂、果实着色不良或果面粗糙形成裂口等，如芹菜缺硼会发生裂茎，因此蔬菜栽培中应重视硼肥的使用，一般每季蔬菜使用硼砂约 1 kg/ 亩。蔬菜需钙量大，萝卜的钙吸收量是小麦的 10 倍，甘蓝为 25 倍，西红柿缺钙可能发生脐腐病。蔬菜对钾肥要求高，大多数蔬菜在生长发育中后期，尤其是瓜类、豆类、茄果类蔬菜进入结荚、结果、结瓜期后对钾的吸收量会明显增加，在该时段，供肥应注意增加钾肥的比例。

（二）施肥的基本原则

蔬菜施肥应坚持"有机肥为主，化肥为辅；基肥为主，追肥为辅；多元复合肥为主，单元素肥料为辅"的原则，注意有机肥与化肥的配合，并根据不同作物合理配比氮、磷、钾及微肥。如叶菜类以氮肥为主，适当配合一些磷钾肥；花菜、果菜类在整个生长过程中氮、磷、钾的配合使用一定要适当，按照其生长发育规律进行肥水管理。肥料以农家肥、有机肥为佳，严格控制单纯含氮化肥的施用量，实行不同作物配方施肥，注意配合使用硼、镁、钼肥。

（三）蔬菜生长期间施肥方法

1. 土壤追肥

追肥是基肥的补充，应根据蔬菜不同生育时期的需要，适时适量地分期追肥，追肥多为速效性的氮、钾肥和少量磷肥。施用时应"少施、勤施"，每次施用量不宜过多，一般在蔬菜产量形成期多次追肥，以补充基肥的不足。追肥方法主要有埋施（在蔬菜周围开沟或开穴，将肥料施入后覆土）、撒施（撒施于蔬菜行间并进行灌水）、冲施（将肥料先溶解于水，随灌溉施入根系周围土壤）和设施追施（利用滴灌设施进行追肥）。

2. 根外追肥

根外追肥又称叶面喷肥，是将化学肥料配成一定浓度的溶液，喷施于叶片上，具有操作简便、用肥经济、作物吸收快等优点。根外追肥的浓度应根据肥料和蔬菜的种类而定，不宜过高，以免造成叶片烧伤；宜选无风的晴天，在傍晚或早晨露水刚干时进行，避免高温干燥天气造成叶片伤害或喷后遇雨将肥料冲掉。

二、灌溉与排水技术

菜地灌溉是人工引水补充菜地水分，以满足蔬菜生长发育需要的管理措施；菜地排水是排出菜地中超过蔬菜生长发育所需的水量，以免蔬菜受涝害的管理措施。合理的灌溉与排水技术为蔬菜提供最适的土壤水分条件，达到最佳生育状态和最高的产量指标。

（一）合理灌溉的依据

1. 蔬菜需水特性

各种蔬菜的需水特性主要受吸收水分的能力和对水分的消耗量多少影响，一般来说，根系强大、吸收水分能力强的抗旱力强，叶面积大、组织柔嫩、蒸腾作用旺盛的抗旱力弱。

蔬菜在不同生育期对水分的需求也有差异，在种子萌发时需要充足的水分，苗期吸水量不多，但需保持土壤湿润，营养生长期应大量浇水，开花期应控水，果实生长期则需要较多水分，种子成熟时应适当干燥。

2. 看天、看地、看苗灌水

依据菜农在长期生产实践中，联系当地气候、土壤特点及蔬菜需水规律总结而得的蔬菜灌溉经验，"看天、看地、看苗"进行蔬菜灌水。

看天主要是根据季节、气候变化，特别是雨量分布特点来决定是否灌水，一般雨季以排水为主，旱季以灌水为主。

看地则指根据土壤返碱状况、保水性、地下水位情况等因素决定是否灌水。保水性差的土地应施肥保水，勤浇；易积水的土壤则加强排水，深耕；盐碱地用河水或井水，进行明水大灌；低洼地则应"小水勤浇，排水防碱"。

看苗灌水就是根据蔬菜的需水特性、植株的水分状况、生长情况等决定是否灌水。如早晨看叶的上翘与下垂，中午观察叶片是否萎蔫及萎蔫的轻重，傍晚看萎蔫恢复得快慢灌水。

（二）灌溉技术

蔬菜种类多，栽培方式及栽培时期不同，各地气候条件也不同，应采用相应的灌溉方式进行灌溉，主要有以下三种。

1. 地面灌溉

地面灌溉是我国农业灌溉的主要形式，主要有畦灌、沟灌、淹灌等几种形式，适用于水源充足、土地平整、土层较厚、土壤底层排水顺利的土壤和地段。其优点是投资小，易实施，适用于大面积蔬菜生产，但费工费水，易使土表板结。随着现代节水农业的发展，以精细地面灌溉技术研究及设备开发为特征的现代地面灌溉技术也有应用，如地面浸润灌溉、膜上灌等。

2. 地下灌溉

地下灌溉主要是利用地下渗水管道系统，将水引入田间，借土壤毛细管作用自下而上湿润土壤，又称为渗灌。其优点是土壤湿润均匀，不破坏土壤团粒结构，蒸发损失小、省水，占耕地少，不影响机械耕作，灌水效率高、能耗少，能有效控制病害。不足是投资高、灌水均匀性差、地下管道检修困难，迄今仍限于小面积使用。传统渗灌管采用多孔塑料管、金属管或无沙混凝土管；现代渗灌使用新型微孔渗水管，管表面布满了肉眼看不见的无数细孔。渗灌管埋于耕层下。

地膜覆盖栽培时，多在地膜下开沟或铺设灌溉水管进行膜下灌水，可使土壤水分蒸发量减至最低程度，节水效果明显，低温期还可提高地温 1 ~ 2 ℃。

3. 地上灌溉

地上灌溉包括喷灌、滴灌等多种形式，通过低压管道系统与安装在末级管道上的特制灌水器，将水以较小的流量均匀、准确地直接输送到作物根部附近的土壤表面或土层中，是目前节水灌溉的主要形式。灌溉系统主要由水源、首部枢纽、输配水管网和灌水器四部分组成，根据灌水器的不同分为喷灌和滴灌。

（1）喷灌 利用专门设备把有压水流喷射到空中并散成水滴落下，习惯上称"人工降雨"，世界各国普遍应用。喷灌系统形式有移动式、固定式和半固定式三种。喷灌易于控制灌溉量，且均匀度高，比畦灌、沟灌节水 30% ~ 50%；可以改善田间小气候，调节土壤水、肥、气、热状况，不破坏土壤的团粒结构，能冲掉茎叶上尘土，有利于光能利用，增产效果明显；节省劳力，灌水效率高，易实现自动化；土壤利用率高，可增加耕地 7% ~ 10%。但设备投资较大，能耗大。

（2）滴灌 利用低压管道系统把水或溶有化肥的溶液均匀而缓慢地滴入蔬菜根部附近的土壤。滴灌完全避免输水损失和深层渗漏损失，特别在炎热干旱季节及透水性强的地区，省水效果尤为显著；适应各种地形条件，能实现灌溉自动控制，节省劳力；省地省肥。滴灌设备投资较高，一般多在设施栽培或经济价值较高的蔬菜生产上应用。

（三）排水技术

在低洼地和降雨量多的地区，或某些年份总降水量不大但雨、旱季分明、降水时期集中的地区，必须处理好排水问题。明沟排涝、暗管排土壤水、井排调节区域地下水位是目前排水技术的主要方式。

明沟排水是国内外传统的排水方法，省工、简便，但工程量大，易倒塌、淤塞和滋生杂草，占地多，且排水不畅，养护维修困难，降低防盐效果。

暗管排水利用埋于地下的管道排水，不占地，不影响机械耕作，排水、排盐效果好，养护容易，便于机械施工。不足之处是管道容易被泥沙沉淀或伸入管内的植物根系堵塞，成本也较高。

井排是在菜田边按一定距离开挖深井，通过地表渗漏把水引入深井中，多与井灌相结合，通过调节井水水位高低来调节地下水位，是改良低洼易涝盐碱地的一种措施，不占地。缺点是挖井造价及运转费用较高，目前多在北方地区采用。

三、植株调整技术

植株调整的作用主要是：平衡营养生长与生殖生长、地下部与地上部生长；促进产品器官形成与膨大；改善通风透光，提高光能利用率；减少病虫害和机械损伤。主要包括整枝、摘心，打杈、摘叶、束叶、疏花疏果与保花保果、压蔓、落蔓、搭架、绑蔓等。

（一）整枝、摘心、打杈

对分枝性强的茄果类、瓜类蔬菜，为控制其生长，促进果实发育，人为地使得一植株形成最适的果技数目的措施称为整枝。除去顶芽，控制茎蔓生长称"摘心"（或闷尖、打顶）；除去多余的侧枝或腋芽称为"打杈"（或抹芽）。多在晴天上午露水干后进行整枝，以利整枝后伤口愈合，防止感染病害。整技时应避免植株过多受伤，病株则暂时不整，以免病害传播。

整枝应以蔬菜的生长和结果习性为依据。一般以主蔓结果为主的蔬菜（如早熟黄瓜、西葫芦等），应保护主蔓，去除侧蔓；以侧蔓结果为主的蔬菜（如甜瓜等），则应及早摘心，促发侧蔓，提早结果；主侧蔓均能正常结果的蔬菜（如冬瓜、西瓜、丝瓜、南瓜等），大果型品种应留主蔓去侧蔓，小果型品种则留主蔓并适当选留强壮侧蔓结果。整枝还应考虑栽培目的，如西瓜早熟栽培应进行单蔓或双蔓整技，增加种植密度，而高产栽培则应进行三蔓或四蔓整枝，增加单株的叶面积。

（二）摘叶、束叶

1. 摘叶

摘叶指在蔬菜生长期间及时摘除病叶及下部老叶，以免不必要的营养消耗，利于维持适宜的群体结构，改善通风、透光条件。摘叶多选择晴天上午进行。摘叶不可过重，对同化功能还较为旺盛的叶片不宜摘除。

2. 束叶

束叶是将靠近产品器官周围的叶片尖端聚集在一起。多用于花球类和叶球类蔬菜，可保护花球洁白柔嫩，叶球软化，提高产品商品性，此外还有一定防寒和防止病害的作用。束叶不宜过早，应在光合同化功能已很微弱时进行，以免影响产量，或严重时造成叶球、花球腐烂。一般在生长后期，叶球已充分灌心，花球充分膨大后或温度降低时束叶。

（三）疏花疏果与保花保果

1. 疏花疏果

以营养器官为产品的蔬菜，疏花疏果有利于产品器官的形成，如马铃薯、莲藕、百合等摘除花蕾有利于地下器官的膨大。对于西瓜、西红柿等果类蔬菜，疏花疏果则可提高单果重和果实品质。畸形果、病果、机械损伤的果实也应及早摘除。

2. 保花保果

植株管养不足、逆境影响（如干旱、低温或高温等）都可能造成花或果实自行脱落，应及时采取措施保花保果，如加强肥水管理、及时采摘成熟果实、整技打杈等。此外，可以通过施用植物生长调节剂改善植株自身营养状况来保花保果。

（四）压蔓、落蔓

1. 压蔓

蔓性蔬菜如南瓜、西瓜、冬瓜等爬地栽培时，通过压蔓，可使植株排列整齐，受光良好，管理方便，促进果实发育，增进品质，同时可促生不定根，有防风和增加营养吸收的作用。

2. 落蔓

搭架栽培的蔓生或半蔓生蔬菜，生长后期基部叶落造成空间过疏，顶部空间不足，或设施栽培的西红柿、黄瓜等蔬菜生育期长达九个月，导致茎蔓过长。为保证茎蔓有充分的生长空间，有效调节群内通风透光，可于生长期内进行多次落蔓。一般在茎蔓生长到架顶时开始落蔓，落蔓前先摘除下部老叶、黄叶、病叶，将基部基蔓在地上盘绕。

（五）搭架、绑蔓

1. 搭架

蔓生蔬菜不能直立生长，常进行搭架栽培。搭架的主要作用是使植株充分利用空间，改善田间的通风、透光条件，达到减少病虫害、增加产量、改善品质的目的。常用的架型如下。

单柱架：在每一植株旁插一架竿，架竿间不连接，架形简单，适用于分枝性弱、植株较小的豆类蔬菜。

人字架：在相对应的两行植株旁相向各斜插一架竿，上端分组捆紧再横向连贯固定，呈"人"字形。此架牢固程度高，承受重量大，较抗风吹，适用于菜豆、豇豆、黄瓜、西红柿等植株较大的蔬菜。

棚架：在植株旁或畦两侧插对称架竿，并在架竿上扎横杆，再用绳、竿编成网格状，有高、低棚两种，适用于生长期长、枝叶繁茂、瓜体较长的冬瓜、长丝瓜、长苦瓜等。搭架必须及时，宜在倒蔓前或初花期进行。

2. 绑蔓

对搭架栽培的蔬菜，需要进行人工引蔓和绑扎固定在架上。绑蔓松紧要适度，既不使茎蔓受伤或出现缢痕，又不能使茎蔓在架上随风摇摆磨伤。露地栽培蔬菜应采用"8"字扣绑蔓，使茎蔓不与架竿发生摩擦。绑蔓材料常用麻绳、稻草、塑料绳等。

四、化学调控技术

化学调控技术是蔬菜在不适宜生长的条件下，用植物生长调节剂来协调蔬菜的生长发育，使蔬菜的生长和发育有利于生产的技术。目前化学调控技术在蔬菜生产上应用普遍，主要有以下几方面的应用。

（一）促进插条生根

吲哚乙酸（IAA）、吲哚丁酸（IBA）、萘乙酸（NAA）等生长素类植物生长调节剂，可以促进插条生根，提高成活率。如用 1 000 ~ 2 000 mg/L 萘乙酸或吲哚丁酸处理黄瓜侧蔓茎段，用 50 mg/L 萘乙酸或 100 mg/L 吲哚丁酸浸湿西红柿插条基部，均可促进植株发根。

（二）调控休眠与萌发

一是利用生长素抑制发芽、延长休眠，如利用萘乙酸甲酯（MENA）、吲哚丁酸、2，4-D 甲酯处理，可抑制马铃薯的块茎以及甜菜、胡萝卜、芜菁的肉质根在贮藏期中发芽。

二是应用赤霉素（GA）打破休眠，促进发芽，如夏季收获的马铃薯要经过一个休眠期才能萌发，用 0.5 ~ 1 mg/L 的赤霉素处理切块可打破休眠提早发芽，当年秋季作为种薯时，生长期延长，产量增加；利用乙烯利可促进生姜萌芽和分株。

（三）控制生长及器官的发育

1. 控制徒长

用植物生长抑制剂缓壮素（CCC）、比久（B_9）、多效唑（PP333）等可以控制果菜类蔬菜徒长。如用 250 ~ 500 mg/L 的矮壮素对徒长的西红柿进行土壤浇灌，每株 100 ~ 200 mL，可以减缓茎的生长，做植株矮化，减缓作用可持续 20 ~ 30 d；在马铃薯落块茎形成时用 3 000 mg/L 的比久进行叶面喷洒，则能抑制地上部分生长，使大部分花蕾和花脱落，增加产量，用 50 ~ 100 mg/L 的多效唑在现蕾期喷洒叶面，也可控制茎叶徒长，促进块茎增大。

2. 控制抽薹开花

应用赤霉素可以促进抽薹开花，而各种抑制剂如矮壮素、比久等则抑制抽薹开花。对于产品器官为叶球、肉质根、鳞茎的蔬菜，要抑制抽薹开花对产品器官形成的影响，而作为采种栽培或产品器官为菜薹的则要促进抽薹开花。

3. 促进生长

赤霉素有促进绿叶菜生长的作用，如芹菜、菠菜、苋菜、莴苣等在采收前 10 ~ 20 d 喷洒 20 ~ 25 mg/L 的赤霉素可以增加产量。

4.促进果实成熟

乙烯利可以促进各种果实成熟，如用 300 ~ 500 mg/L 的乙烯利在西瓜果实已充分长大而未熟前喷果实，可提早 5 ~ 7 d 成熟。

（四）防止器官脱落

干旱、营养不良、机械损伤、病虫害、低温、高温、高湿及乙烯的存在等不良环境条件都可能引起蔬菜器官的脱落。生产上多应用防落素（PCPA）、赤霉素、生长素（萘乙酸、2，4-D）等防止茄果类、瓜类、豆类蔬菜的落花、落果及落叶，效果显著，如用 10 ~ 20 mg/L 的 2，4-D 在西红柿开花时蘸花（切忌蘸到叶片和幼芽上，以免产生药害）可以防止西红柿落花，用 25 mg/L 的防落素喷花也有此效果。

（五）调节花的性别分化

植物生长调节剂可以控制某些蔬菜的花芽分化和性别形成。如用 100 ~ 200 mg/L 的乙烯利喷洒黄瓜、南瓜、西葫芦等瓜类蔬菜的幼苗叶片，可促进雌花形成，减少雄花数量；喷洒 50 ~ 100 mg/L 的赤霉素则可促进雄花分化，减少雌花数量。

（六）提高抗逆性

生产上应用矮壮素、比久、多效唑等生长抑制剂，可以通过抑制植株徒长，提高蔬菜的抗逆性，使用时注意防止药害。

（七）蔬菜保鲜

应用激素类物质可以防止绿叶成菜的变色和衰老，延长蔬菜保鲜时期，如芹菜、花椰菜、莴苣、甘蓝等收获后用 10 ~ 20 mg/L 的 6- 苄基腺嘌呤（6-BA）浸蘸或喷洒处理，可以延长贮藏运输时间。矮壮素（CCC）、比久（B_9）等生长抑制剂也有同样作用，一般使用浓度为 10 ~ 100 mg/L。

化控技术在应用中应注意以下几个问题：一是确定适宜的药液浓度，从激素的种类、处理的蔬菜类型、温度高低等三个方面考虑；二是采用正确的处理方法，凡是在低浓度下就能够对蔬菜产生药害的激素必须采取点涂的方法，对蔬菜做局部处理，对一些不易产生药害的激素可选择喷雾、点涂等方法；三是用药量要适宜，不论哪种激素，使用量过大时均会不同程度地对蔬菜造成危害；四是激素处理与改善栽培环境工作要同时进行，如控制蔬菜徒长，在使用激素的同时，减少浇水量和氮肥的使用量，并加大通风量等；五是消除激素万能的错误思想。

五、病虫害防治技术

蔬菜的品种繁多，复种指数高，常年种植给病虫害的繁殖和传播提供了良好的寄主，因此蔬菜病虫害较多，生产中应贯彻"预防为主，综合防治"的植保方针，突出"以防为主，防治结合"的原则，以农业防治和生物防治为主，结合物理和化学防治。

（一）农业防治

农业防治是通过耕作栽培措施或利用选育抗病、抗虫作物品种防治有害生物的方法。其特点是：无需为防治有害生物而增加额外成本；无杀伤自然天敌、造成有害生物产生抗药性以及污染环境等不良副作用；一般具有预防作用；应用上常受地区、劳动力和季节的限制，效果不如药剂防治明显易见。

1. 及时清园，建立良好的耕作制度

蔬菜收获后要及时清除留在菜地的残枝败叶，铲除田边、沟边、路边的杂草，清理出来的残枝败叶及杂草要集中烧毁处理。

蔬菜的连作会导致同种病菌或害虫逐年增多，发病早而重，轮作换茬、水旱轮作对恶化病虫害生存环境，预防病虫发生，减轻损失有显著效果，尤其对土传病害效果更佳。生产上提倡十字花科蔬菜与豆类、瓜类轮作，茄果类与葱蒜类、薯芋类轮作，或者前茬种水稻后茬种蔬菜，以减少同类病害的发生。不同蔬菜的合理间套种也可有效防止土传病害。南方地区春、夏季雨水多，实行深沟高畦种植有利于大雨过后的排水，减少病菌侵染机会。

2. 选用抗病、抗虫的优良品种

针对当地蔬菜生产中的主要病虫害，选择抗病、耐病的优良品种，利用品种的自身抗性抵御病虫危害。多年来，我国各地的科研育种单位选育、推广了各种蔬菜的抗病品种，例如现在普遍种植的津春系列黄瓜品种、秦白系列大白菜品种，都表现出很好的抗病、抗虫能力。

3. 进行种子及土壤消毒

有些病害和虫害可通过种子带菌或蛀入种子内传播，因此要选择颗粒饱满无虫口的种子进行播种育苗。带病菌的种子可通过种子消毒杀死附在种皮上的病菌，有虫口的种子可通过人工选种及温烫、药物浸种来消灭害虫。种苗的消毒处理也很重要，在幼苗出圃前一周内连续喷施2次防病虫的药液可减少幼苗种入大田后的发病率。播种种植前将土地暴晒，前茬根系及土传病害严重的要进行土壤药剂消毒，减少病虫危害。

4. 应用嫁接育苗技术

将品质优、价值高的蔬菜品种嫁接到抗病力强、适应性广的作物上，能大大提高蔬菜的抗病力。例如把黄瓜幼苗嫁接到抗性强的黑籽南瓜苗上，可减轻黄瓜枯萎病、青枯病的发生。目前黄瓜、甜瓜、西瓜、西红柿、辣椒、茄子等土壤传播病害发生较严重的蔬菜利用嫁接防止病害发生的技术应用越来越广泛。

5. 实行科学的田间管理

通过科学的田间管理，如控制温度、湿度条件、合理安排播种期、改善田间小气候、合理的植株调整、科学的施肥技术、地膜覆盖、土壤管理等措施，一是创造最有利于蔬菜生长发育的环境，保持蔬菜较强的生长势，增强抗性；二是控制环境中的温度、水分、光照等因素，创造不利于病虫害发生和蔓延的条件。

（二）生物防治

生物防治是利用生物或其代谢产物控制有害物种群的发生、繁殖或减轻其危害的方法。一般是指利用有害生物的寄生性、捕食性和病原性天敌来消灭有害生物。生物防治具有不污染环境、对人和其他生物安全、防治作用比较持久、易于同其他植物保护措施协调配合并能节约能源等优点，已成为植物病虫害和杂草综合治理中的一项重要措施。常用的生物防治方法有：一是利用害虫的天敌防治，如用丽蚜小蜂防治温室白粉虱；二是利用生物制剂防治，如苦参碱、细菌农药Bt制剂、抗病毒制剂等防治某些病虫害；三是利用农用抗生素防治，如虫螨克乳油、农用链霉素、新植霉素等。

（三）物理防治

物理防治是利用简单工具和各种物理因素，如光、热、电、温度、湿度和放射能、声波等防治病虫害的措施。常见的有人工摘除、种子热力消毒、防虫网覆盖、黄板诱蚜、灯光诱杀某些成虫等，近年频振式光波杀虫灯、黑光灯和高压电网灭虫器应用广泛。

（四）化学防治

化学防治即利用化学农药进行病虫害防治。目前化学农药在蔬菜产品上的残留以及环境污染问题日益受到关注。为保证蔬菜的无公害生产，在进行化学防治病虫害时，应注意以下几点：一是严格控制农药品种，严禁在蔬菜上使用高毒、高残留农药，选用对栽培环境无污染或污染小的药剂类型；二是适时防治，根据蔬菜病虫害的发生规律，在关键时期、关键部位喷药，减少用药量，注意农药安全间隔期；三是合理用药，掌握合理的施药技术，严格控制施药次数、浓度和施用量，避免无效用药或者产生抗药性。

第二节　机械化田间管理技术

目前，我国蔬菜田间管理机械化和自动化水平低，经营规模小，造成劳动生产率较低。丰富的蔬菜品种、多样化的种植模式很难大规模机械化生产，导致劳动生产率仅是日本的 1/20、美国的 1/40。未来在蔬菜规模化种植的基础上，蔬菜田间管理机械需采用机电一体化技术、全液压驱动系统，向成套化、标准化、自动化、智能化方向发展。

一、植保机械

目前露地蔬菜病虫害防治主要依靠的植保机械有背负式电动喷雾机、机动喷枪、喷杆喷雾机等。现阶段我国植保机械仍以背负式手动喷雾器和背负式机动弥雾机为主，主导产品的技术水平至少落后于发达国家 20 ～ 30 年。

欧美发达国家的植保机械以中、大型喷雾机（自走式、牵引式和悬挂式）为主，并采用了大量的先进技术，现代微电子技术、仪器与控制技术、信息技术等许多高新技术已广泛应用。它提高了设备的可靠性、安全性及方便性；满足越来越高的环保要求，实现低喷量、精喷洒、少污染、高工效、高防效，实现了病虫害防治作业的高效率、高质量、低成本和操作者的舒适性和安全性。

而我国，目前生产上使用的手动喷雾器产品技术水平低，结构陈旧落后，喷射部件品种单一，而且施药液量大，雾化性能不良，作业功效低，农药浪费现象严重，给生态环境造成严重污染。少量的喷杆喷雾机都是简易型的，连喷杆的平衡机构都简化掉了，也没有配备喷幅识别装置，更谈不上采用自动化控制系统。虽然在施药机械和施药技术上进行了一些研究和示范推广，但是还没有得到应有的重视、有效的实施和严格的监督。

二、水肥一体化灌溉设备

节水是全球当前共同面对的重要问题之一。蔬菜种植现代化灌溉技术主要指节水微喷灌技术。它根据植物的需水要求，通过管道系统与安装在末级管道上的灌水器，将植物生长所需的水分和养分以较小的流量均匀、准确地直接送到植物根部附近的土壤表面或土层中。

微灌可分为渗灌、滴灌和微喷灌几种。微灌以省水、省工、省地、增产，对地形和土壤适应性强，能结合施肥且肥效高，减少平地除草和田间管理工作量，易于实现自动化灌水等多方面的优点，符合现代化农业生产发展的需要，因而受到人们的关注和重视。但微灌的工程投资高。

渗灌是通过埋在作物主要根系活动层的渗灌管直接向作物供应水分和可溶性肥料，视作物的根系深度一般埋深为 25～30 cm。它解决了地面漫灌输水损失太大的问题，但也存在灌溉不均、管道难以检查等问题。

滴灌是通过安装在毛管上的滴头、孔口或滴灌带等灌水器将水一滴一滴均匀、缓慢地滴入作物根区附近土壤中的灌水形式。滴灌又可分为固定式地面滴灌、半固定式地面滴灌、膜下滴灌和地下滴灌几种。但由于滴灌的滴头出流孔口小，流速低，因此易堵塞。

微喷灌是在滴灌和喷灌的基础上逐步形成的一种灌水技术，通过低压管道系统，以较小的流量将水喷撒到土壤表面。微喷灌时，水流以较大的流速由微喷头喷出，在空气阻力的作用下粉碎成细小的水滴降落在地面或作物叶面。由于微喷头出流孔口和流速均大于滴灌的滴头流速和流量，大大减小了灌水器的堵塞。微喷灌还可将可溶性化肥随灌溉水一起直接喷洒到作物叶面或根系周围的土壤，利于进行水肥一体化管理，提高施肥效率，节省化肥用量。但微喷灌对水的利用率低于滴灌。

三、中耕管理机械

中耕管理是农业精耕细作的重要环节之一，是保证稳产高产不可缺少的重要措施。通过中耕管理机械疏松地表土壤、翻动土壤、除去杂草，能改善土壤的透水性，减少水分蒸发，起到蓄水保墒作用，而且保持地表下土壤有一定湿度。另外，中耕可消除土壤形成板结，有效改善土壤结构，增加土壤的透气性，改善作物根系生长环境，同时有效地解决在保护性耕作下土壤变硬和容重增大等问题。根据不同作物及种植环境，中耕次数也不尽相同，一般多在未封垄前进行。

蔬菜田化学除草难度较大，尤其须依据蔬菜种类、防治对象、生态环境、防治时期，因种、因地、因时谨慎选择合适、安全的除草剂品种、用药量、用药时间和施药方法，以确保在保护生态环境、降低生产成本的同时防除草害、增加收益。目前国外蔬菜除草主要以机械除草为主。行间机械除草技术已应用很长一段时间了，但株间机械除草还是一个比较新的研究领域。株间机械除草方式通常有用土壤覆盖杂草、切断杂草的根或茎、连根拔起杂草三种。而无论是哪种方式，都需要知道作物植株的位置，也就是作物识别与定位，以控制作业部件避开作物而除去杂草，这是株间机械除草研究的关键点和难点所在，也是目前的研究热点。我国目前的蔬菜株间除草作业除了使用除草剂外，基本还靠人工来完成，尽管对株间除草机械有了较多的相关研究，但多数仅处于试验研究之中，未能得以推广使用。

四、田间管理操作注意事项

（一）植保施药机械操作注意事项

操作植保施药机械应具有相应的专业技能，详见国家农业行业标准《植保机械操作工》（NY/T1775-2009）。

植保机械的操作应注意以下几个方面：

第一，使用前检查植保施药机械各部件，使机具在使用中保持良好的技术状态。

第二，使用前仔细阅读相应植保施药机械的使用说明书，掌握相关操作、设备的日常维护与常见故障的诊断与解决方法。

第三，使用时注意设备的安全操作与自身防护，作业时需佩戴防护装备，操作人员不得在途中出现喝水、吃东西、吸烟等可能产生农药中毒效果的行为。

第四，喷药作业后需对残留药液按有关环保规定进行处理。

第五，植保施药机械使用后要进行维护保养，如定期加注润滑油、定期检查关键工作部件、更换易损部件、保持药箱清洁等。

（二）水肥一体化装备操作注意事项

使用水肥一体化技术及其装备，详见国家农业行业标准《灌溉施肥技术规范》（NY/T2623-2014）。

水肥一体化装备操作应注意以下几个方面：

第一，滴灌施肥时，先滴清水，等管道充满水后再开始施肥。

第二，注意施肥的均匀性。

第三，避免产生沉淀降低肥效。

第四，水溶肥料通常只作追肥。

第三节　田间管理机械

田间管理是指在维持作物生长过程中，供应作物需要的水分、养分、肥料等，清除地表杂草，消灭病虫害，以保证作物生长的一系列措施。

田间管理机械主要包括植保机械、施肥机械、水肥一体化灌溉系统、中耕除草机械以及其他蔬菜冠层整理小型工具。

一、植保机械

植物保护机械是指用于防治危害植物的病、虫、杂草等的各类机械和工具的总称，常指化学防治时使用的机械，包括利用光能等物理方法所使用的机械和设备。常见的有喷杆式喷雾机、背负式喷雾（喷粉）机、电动喷雾器、担架式（推车式）机动喷雾机、背负式静电喷雾器、杀虫灯等。

（一）功能特点

1.喷杆式喷雾机

喷杆式喷雾机是一种将喷头装在横向喷杆或竖立喷杆上的机动喷雾机，

该类喷雾机的作业效率高，喷洒质量好，喷液量分布均匀，广泛用于大田作物的病虫草害防治和叶面肥喷洒。喷杆式喷雾机的主要工作部件包括：液泵、药液箱、喷头、防滴装置、搅拌器、喷杆行架机构和管路控制部件等。喷杆式喷雾机按行走方式可分为自走式、牵引式、悬挂式和车载式。

2. 背负式喷雾喷粉机

背负式喷雾喷粉机由二冲程汽油机、风机、药箱和喷射部件组成，雾化性能好，适应性强，既可用来喷施液剂、粉剂，也可喷洒颗粒状肥料。缺点是劳动强度大。

3. 烟雾水雾两用弥雾机

烟雾水雾两用弥雾机采用免维护脉冲喷气式发动机，整机工作时无一转动部件，无需润滑系统，构造简单，故障率低，使用寿命长，维护保养简单。具有用药量少、省时省力、功效快、药效持久等特点，应用较广泛。

4. 电动喷雾器

电动喷雾器按携带方式分为背负式、肩挎式和小车式，是目前国内蔬菜生产特别是大棚中施药的主要设备。

5. 担架式（推车式）机动喷雾机

担架式（推车式）机动喷雾机由活塞泵及汽油机、机架、喷射部件、卷管支架及喷雾胶管等配套组成。根据移动方式不同分为担架式和推车式，便于田间转移，它具有调压方便、流量稳定、使用可靠、效率高等优点。可用于大田作物和花卉、林果等的植保作业。

6. 履带自走式喷雾机

履带自走式喷雾机体积小，转弯半径小，操作灵活方便，适合在大棚、林间使用。可实现通控作业，各喷头喷雾方向也可单独控制。

7. 杀虫灯

杀虫灯是根据昆虫具有趋光性的特点，利用昆虫敏感的特定光谱范围的诱虫光源，诱集昆虫并有效杀灭昆虫，降低病虫指数，防治虫害和虫媒病害的专用装置。按电源类型可分为交流电杀虫灯、蓄电池杀虫灯和太阳能杀虫灯等几种，目前市场上常用的是太阳能杀虫灯。

（二）结构与工作原理

1. 背负式机动喷雾喷粉机

机动喷雾机与人力、畜力机器械相比，工作效率明显提高，劳动强度大为降低。

如图8-1所示，背负式机动喷雾喷粉机由药箱、风机、喷雾喷粉组件、油箱、机架、汽油机、起动器等组成。

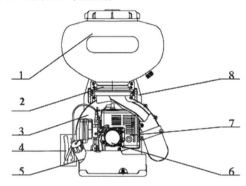

图8-1 背负式机动喷雾喷粉机结构示意

1. 药箱　2. 闸门体　3. 风机　4. 喷雾喷粉组件　5. 油箱　6. 起动器　7. 汽油机　8. 机架

喷雾工作原理：汽油机带动风机叶轮旋转产生高速气流，在风机出口处形成一定压力，其中大部分高速气流经风机出口流入喷管，少量气流经风机一侧的出口，流经药箱上的通孔，进入进气管，使药箱内形成一定的压力，药液在风压的作用下，经输液管调量阀进入喷嘴，从喷嘴周围流出的药液被喷管内高速气流冲击形成极细的雾粒，被吹到很远的地方（图8-2）。

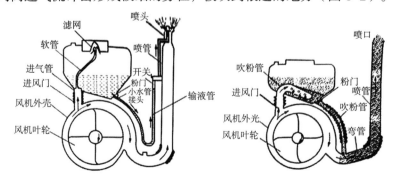

图8-2 喷雾喷粉工作原理示意

喷粉工作原理：汽油机带动风机叶轮旋转，产生的高速气流。其中大部分气流经风机出口流入喷管，少量的气流经风机上部的出口，流经药箱孔进入吹粉管，使药箱里的粉剂松散，并被气流吹向出粉门。喷管内的高速气流使输粉管出口处产生局部真空，药粉被吸入喷管，经喷管内的强大气流冲击，粉剂形成烟雾从喷口喷出，吹向远方。

2. 手推式机动喷雾机

如图 8-3 所示，手推式机动喷雾机由汽油机、液泵、药箱、过滤网、吸水管、压力指示器、调压手轮、锁紧螺母、出水管、卷管架、喷枪（喷嘴、枪管、调节手柄等）、机架、轮子等组成。工作原理是利用汽油机产生的动力，带动液泵工作，由液泵完成吸取药液、压缩，产生高压药液，再通过耐高压液体输送管，将高压药液送入喷枪，从喷嘴喷出，完成喷药工作。

图 8-3　手推式机动喷雾机

3. 自走式喷杆喷雾机

喷杆式喷雾机是一种将喷头装在横向喷杆或竖立喷杆上的机动喷雾机。该类喷雾机的作业效率高，喷洒质量好，喷液量分布均匀，适合大面积喷洒各种农药、肥料和植物生产调节剂等的液态制剂。

如图 8-4 所示，自走式喷杆喷雾机由发动机、变速箱、液泵、药箱、喷杆、升降架、车轮等组成。自走式喷杆喷雾机工作时，发动机动力通过转动，带动液泵转动，液泵从药箱吸取药液，以一定的压力，经分配阀输送给搅拌装置和各路喷杆上喷头，药液通过喷头形成雾状后喷出。调压阀用于控制喷杆喷头的工作压力，当压力高时药液通过旁通管路返回药箱。

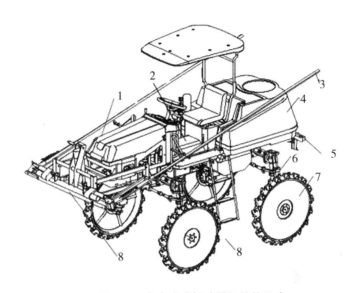

图 8–4　自走式喷杆喷雾机结构示意

1. 发动机　2. 变速箱　3. 喷杆　4. 药箱　5. 液泵　6. 后桥　7. 车轮　8. 前桥　9. 升降架

（三）代表机型

1. 亿丰丸山 3WP-500CN 自走式喷杆喷雾机（图 8–5）

外形尺寸：3 500 mm × 1 810 mm × 2 290 mm

整机质量：880 kg

轮距：1 540 mm

离地高度：1 055 mm

药箱容量：500 L

搅拌方式：喷流搅拌

喷幅：12 m

作业高度：470 ~ 1 395 mm

图 8–5　亿丰丸山 3WP-500CN 自走式喷杆
喷雾机

2.WFB-18 背负式喷雾喷粉机（图 8-6）

外形尺寸：410 mm × 540 mm × 630 mm

药箱容积：11L

净重：11.5 kg

射程：≥ 9 m

3.HK-7k 烟雾水雾两用弥雾机（图 8-7）

外形尺寸：1 280 mm × 180 mm × 300 mm

启动电源：12V/6Ah 充电锂电池

药箱容积：15 L

整机重量：7 kg

图 8-6　WFB-18 背负式
喷雾喷粉机

喷雾量：　15 L 喷 8 ~ 10 min

4.3WBD-18 背负式电动喷雾机（图 8-8）

药箱容量：18 L

工作压力：0.1 ~ 0.4 MPa

整机重量：5.8 kg

图 8-7　HK-7k 烟雾水雾两用弥雾机

蓄电池电压 / 容量：12/8 V/Ah

喷头型式：扇形雾喷头（可调喷头）

5.3WKF-15 推车式机动喷雾机（图 8-9）

整机重量：43 kg

液泵流量：36 ~ 40 L/min

工作压力：1 ~ 2.5 MPa

图 8-8　3WBD-18 背负式电动喷雾机

图 8-9　3WKF-15 推车式机动喷雾机

最大作业幅宽：15 m

泵工作转速：700 ~ 800 r/min

6. 丸山 MD8026 背负式动力散布机（图 8-10）

外形尺寸：460 mm × 525 mm × 760 mm

整机重量：12.5 kg

药剂容量：26 L

漏板型式：单片式

作业幅宽：20 m

图 8-10　丸山 MD8026
背负式动力散布机

最大吐出量：7 kg/min　（粉剂），

　　　　　　12 ~ 18 kg/min （肥料）

7. 丸山 MSV615L 自走式动喷雾机（图 8-11）

外形尺寸：1 305 mm × 760 mm × 1 330 mm

整机重量：156 kg

额定功率：4.4 kW

最高压力：5 MPa

吸水量：41 L/min

主要特点：可配施肥枪、清洗枪、高压枪。
高压枪射程可达 20 m 左右，雾化可达 7 m 左右，
软管可自动回收。

图 8-11　丸山 MSV615L 自
走式动喷雾机

8. 筑水 3WZ51 履带式喷药搬运两用机（图 8-12）

外形尺寸：1 875 mm × 665 mm × 910 mm

图 8-12　筑水 3WZ51 履带式喷药
搬运两用机

货箱尺寸：1 100 mm × 520 mm × 200 mm

整机重量：200 kg

最大载重量：300 kg

药箱容量：300 L

主要特点：带有喷雾剂功能的搬运机，
喷雾、自走一体机。

9. 杀虫灯（图 8–13）

太阳能电池板：功率 ≥ 30W，使用寿命 10 年

整体高度：距离地面 2.8 m

控制面积：40 ~ 60 亩

接虫方式：接虫盒或接虫袋，防水防飞

诱虫灯管：六面发光 LED 诱虫灯管，单光谱

或白光、近紫光、黄绿光搭配使用

图 8–13　杀虫灯

10. 多加 3WYP–120 遥控自走式喷杆喷雾机（图 8–14）

外形尺寸：3 080 mm × 2 040 mm × 1 820 mm

质量（空载）：200 kg

最低离地高度：1 270 mm

喷杆展开宽度：5 ~ 15 m（可定制）

图 8–14　多加 3WYP–120 遥控自走式喷
　　　　　杆喷雾机

轴距：2 000 mm

轮距：1 800 mm

结构型式：三轮自走式

操作方式：无线遥控

驱动方式：直流动力电机

药箱容量：120 L

喷头离地高度：500 ~ 1 300 mm

二、施肥机械

蔬菜栽培茬次多、产量高，对土、肥、水的要求也较高，特别对肥料的需求比粮食作物要多。最常见的施肥方法为作物栽培前撒施基肥，在整地前施入田间，能满足蔬菜作物一茬甚至多茬的栽培需要。根据抛撒对象形态的不同，在实际应用中撒施机械可分为粉状肥撒施机、颗粒肥撒施机和厩肥撒施机。

（一）功能特点

1.粉状肥撒施机

粉状肥（通常指有机肥）撒施机一般采用离心圆盘式结构，肥料靠链板传动或靠自重从肥料箱移至撒肥圆盘，利用圆盘的高速旋转所产生的离心力将肥料抛撒出去。此类机型也可用于颗粒肥的撒施。

2.颗粒状肥撒施机

颗粒状肥（通常指颗粒状复合肥或化肥）撒施机一般采用摆杆式结构形式，配备搅拌器，使肥料颗粒均匀持续地进入下料口，在下料口的下方设置有排肥摆杆，通过排肥摆杆的往复摆动实现肥料的均匀撒施。也可用离心圆盘式撒施机。

3.厩肥撒施机

厩肥撒施机一般为车用式，普遍体积庞大，装肥量大，要消耗较大的牵引机车动力。车厢肥料通过输送机构输送到抛撒部位，经锤片式或叶片式抛撒器的高速旋转撞击抛撒到田间，适合于平原大农场的撒施作业。

（二）结构原理

1.离心式化肥撒施机

离心式化肥撒施机主要由肥斗、搅拌器、抛撒盘、肥量调节机构及传动机构等组成，撒施机的动力一般由拖拉机的动力输出轴提供，也可以通过地轮传动来提供。

其工作原理是：由传动机构带动抛撒圆盘和搅拌器转动，肥斗中的化肥在搅拌器的搅动下，通过下肥口流到高速转动的抛撒圆盘上，在离心力的作用下，被撒施到地面。

离心式化肥撒施机的抛撒宽度可以达到 3 ~ 12 m，生产效率高，撒施均匀。为了减少风的影响，使用时应当用帆布将抛撒圆盘的前面和侧面遮挡起来。

如图 8-15 所示的单抛撒圆盘式化肥撒施机外，还有双抛撒圆盘或双肥斗的离心式化肥撒施机，不仅抛撒宽度更宽，而且能够同时撒施两种肥料。离心式化肥撒施机有时还用于撒施农药或牧草种子。

图 8-15 离心式化肥撒施机结构示意

1.肥斗 2.搅拌器 3.抛洒叶片 4.抛洒圆盘

2.厩肥撒施车

厩肥撒施车是一种集厩肥运输和撒施为一体的施肥机械,它主要由撒施工作部件、车斗、输肥链、牵引拉杆、动力传动轴等部分组成(图 8-16)。作业时,由拖拉机牵引,并从拖拉机的动力输出轴获得动力,驱动输肥链和撒施工作部件,输肥链及刮肥板在向后运动的过程中,将车斗内的厩肥向撒施工作部件输送,一对高速旋转的撒施工作部件(包括撒肥滚筒和撒肥螺旋)将厩肥破碎后向后抛撒,均匀地撒施在地表。

图 8-16 厩肥撒施车

1.撒肥滚筒 2.撒肥螺旋 3.输肥链 4.牵引拉杆 5.动力传动轴

厩肥撒施车每车的装载量一般为 3 ~ 4 t，抛撒宽度为 4 ~ 8 m，拖拉机的前进速度为 6 ~ 12 km/h。除了图 8-16 所示的卧式撒肥工作部件的厩肥撒施车外，还有立式撒肥工作部件的厩肥撒施车。

使用时，由于厩肥撒施车的厩肥装载量大，一般应当配备相应的装载车，帮助完成装载任务。

3. 追肥机

追肥机械可分为单行深施和多行侧施。图 8-17 所示 2FT-1 多用途碳酸氢铵追肥机为单行追肥机，适用于旱地深施碳酸氢铵，也可兼施尿素等流动性好的化肥，还可用于玉米、大豆、棉花等中耕作物的播种。工作时由人力牵引，一次完成开沟、排肥、覆土和镇压四道工序。该机采用搅刀 - 拨轮式排肥器，能可靠、稳定、均匀地排施碳酸氢铵；采用锄铲式开沟器，肥沟窄而深，阻力小，导肥性能好；换用少量部件可用于作物播种、中耕。

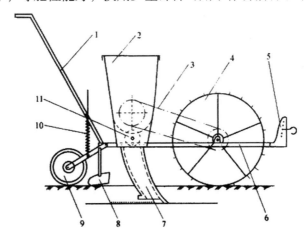

图 8-17　2FT-1 型多用途碳酸氢铵追肥机结构示意

1. 手把　2. 肥箱　3. 传动链　4. 地轮　5. 牵引板　6. 机架　7. 凿式沟播器　8. 覆土板
9. 镇压轮　10. 仿形加压弹簧　11. 排把器

（三）代表机型

1. 世达尔 2FB-600 摆动管式施肥机（图 8-18）

作业形式：摆动管式施撒

肥料箱容量：600 L

作业幅宽：4 ~ 8 m（结晶状化肥），

　　　　　6 ~ 12 m（粒状化肥）

撒播量调节：手动 /18 挡开度

作业速度：3 ~ 10 km/h

2. 世达尔 2FSQ-4.6 厩肥撒播机（图 8-19）

图 8-18　世达尔 2FB-600 摆动管式施肥机

机体尺寸：

5 160 mm × 2 130 mm × 1 980 mm

整机重量：1 300 kg

最大装载量：3 000 kg

最大装载容量：4.6 m³

抛撒宽度：3 m

工作速度：3 ~ 7 km/h

抛撒数：16 ~ 70 t/h

图 8-19　世达尔 2FSQ-4.6 厩肥撒播机

3. 履带自走式有机肥撒肥机（图 8-20）

外形尺寸：2 780 mm × 1 290 mm × 1 295 mm

整机重量：635 kg

最大载重：650 kg

撒播幅度：1.2 ~ 2.5 m

散布量：0 ~ 1.14 m²/min

作业人数：1

主要特点：带自动取肥功能。

图 8-20　履带自走式有机肥撒肥机

三、水肥一体化灌溉设备

水肥一体化技术是将灌概与施肥融为一体的农业新技术，能有效地控制灌溉量和施肥量，提高水肥利用效率，主要适用于设施农业及果蔬栽培。水肥一体化系统主要由节水喷灌系统和施肥设备组成。

（一）功能特点

1. 节水喷灌系统设备

微灌系统包括水源、首部工程、输水管网、灌水器。水源水质要达到农业灌溉用水的标准，不得含有过量的泥沙。首部设备的作用是从水源取水，包括水泵、过滤器、肥料注入设备和控制系统。输水管网的作用是把灌溉水输送到喷头进行灌溉，常用的管道为 PE（聚乙烯塑料）管和 UPVC（以聚氯乙烯树脂为原料，不含增塑剂）管。管道分为主管和支管，主管起输送水的作用，管径大；支管主要是工作管道，上面按一定距离安装竖管，竖管上安装喷头。灌溉水通过主（干）管、支管、竖管，最后经喷头喷洒给田间作物。

灌水器主要有两种：一种是灌溉喷头，其作用是将管道内的水流喷射到空中，分散成细小的水滴，洒落在田间进行灌溉，主要有摇臂式和雾化式两种。另一种是滴灌带及其滴头，其作用是利用低压管道系统，将水均匀缓慢地滴入作物根区附近土壤进行灌溉，主要有内嵌式和迷宫式两种。

2. 施肥设备

施肥设备是借助灌溉系统，通过智能化控制系统将植物生长所需的氮、磷、钾液态肥均匀适量地供给蔬菜作物，种类有安装在管路上的文丘里施肥器、比例式注肥泵、水肥一体机等。

（二）结构原理

1. 喷灌系统与喷灌机

喷灌系统主要由水源、动力、水泵、输配水管道及喷头等组成。按照喷洒支管的移动方式分为固定式、半固定式和移动式三种形式。

（1）固定式喷灌系统　固定式喷灌系统的各组成部分是固定不动的。水泵和动力机安装在水源处的泵房（或泵站）内，输水干管和支管埋在冻土层以下。支管上每隔一定距离装设一竖管伸出在地面上，用于安装喷头；喷头可以固定安装，也可以按照需要轮换安装使用。作业时喷头可进行圆形或扇形面积喷洒。固定式喷灌适用于灌水频繁的苗圃蔬菜及经济作物区，使用操作方便，生产效率高，占地少，有利于实现全自动控制，结合喷施化肥、农药较为方便。但全套设备固定用于一块土地，管材消耗量大，费用高。

（2）半固定式喷灌系统　半固定式喷灌系统的动力机、水泵和干管是固定不动的，支管、竖管和喷头可移动的，采用快速接头与埋于地下的干管通过三通连接。它较固定式喷灌系统省去了许多支管、竖管，从而减少了管道投资，比固定式喷灌系统节省投资50%以上。但在喷灌后的地面移动支管和竖管劳动强度大，移动操作时容易损伤作物。

（3）移动式喷灌系统 移动式喷灌系统的整套喷灌设备可以移动，轮流供不同地块使用，机动性强，因此降低了单位面积的投资费用。按照使用方式又可以分为定点工作和连续工作两种类型。定点工作喷灌机是喷灌机沿水渠定点抽水灌溉，喷完一个位置后再移至下一个位置；通常带一个喷头，也可以带多个喷头。这种喷灌系统具有投资少、一机多用的特点，但是劳动强度大，运行费用高。连续工作喷灌机是整个支管边移动边喷灌，效率和自动化程度高，喷灌质量好，但是要求田间面积大、无障碍物（如电线杆等）。下面简要介绍几种常用的移动式喷灌机及其特点。

A.手推式喷灌机 手推式喷灌机为单喷头小型移动式喷灌机。自吸式水泵和动力机固定安装在机架上，吸水管从沟渠或蓄水池抽水，经输水管道与喷头相连，喷头安装在支架上插在田里。以上各组件也可装在手推车、担架或小型拖拉机拖车上进行地块的转移。配套的动力可以是柴油机、拖拉机或电机，功率为2～10kW。使用时，为了不使喷灌机组的移动道路被喷湿，喷头应当选择扇形喷头。手推式喷灌机每喷灌完一个喷灌点后都必须人工移动喷灌机或喷头，劳动强度较大（图8-21）。

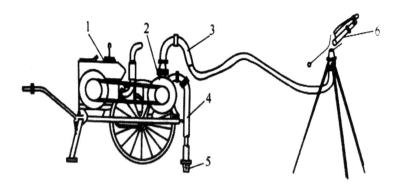

图8-21 手推式喷灌机结构示意
1.柴油机 2.自吸泵 3.出水管 4.进水管 5.底阀 6.喷头

B. 悬挂式喷灌机　悬挂式喷灌机与手推式喷灌机的主要区别在于它是以拖拉机为动力，田间移动和转移更加方便，劳动强度小，拖拉机可以一机多用，两者的工作原理和工作方式完全相同。根据水泵与拖拉机的相对位置，有水泵后置式和水泵前置式两种结构形式。

C. 滚移式喷灌机　滚移式喷灌机的特点是结构简单，操作方便，可以沿耕作方向或作物栽培方向进行喷灌作业，对于不同的水源条件都能够适应，而且具有一定的爬坡能力，机组的工作长度可以根据地块的大小来决定，输水管的总长度可以达到 600 m。

滚移式喷灌机一般采用铝合金材料制造，轻便、耐腐蚀、坚固耐用。主要缺点是机组的离地间隙小，不能灌溉高秆作物（图 8-22）。

图 8-22　滚移式喷灌机

D. 卷盘式喷灌机

卷盘式喷灌机是一种用软管输水，在喷灌作业时利用水的压力自动驱动卷盘旋转，通过软管来牵引喷头小车移动，完成喷灌作业的喷灌机。卷盘式喷灌机具有如下的优点：第一，结构简单、不易损坏；第二，机动性强，移动方便灵活，操作简便，能够实现喷灌自动化；第三，喷灌面积大，生产效率高，输水管的长度可以达到 600 m，喷头的射程可以达到 65 m；第四，喷灌质量好，喷头小车的移动速度可调，一般为 10 ~ 40 m/h，喷灌水量可以控制在 8 ~ 60 mm 之间，喷灌均匀性可以达到 85% 以上；第五，单位喷灌面积的投资小，使用寿命长。卷盘式喷灌机的主要问题是管路水头损失较大（图8-23）。

图 8-23　卷盘式喷灌机

（三）代表设备

1. 水肥一体精量施肥设备（图 8-24）

灌溉模式可选：施肥或灌水。

灌溉量控制可选：时间或流量。

灌溉容量在 5 ~ 20 m^3/h 之间可调。

具有 4 个吸肥通道和 1 个酸通道，吸肥通道数可选。

灌溉总流量可记录。

多达 64 条灌溉计划可供设置。

图 8-24　水肥一体精量施肥设备

与水分传感器和气象监测站无线连接，实现智能控制。

可直接连接 PC 或 APP 操作软件，远程管理和控制。

2. 微喷灌系统（图 8-25）

管道分成干管和支管，最末一级带有灌水器。

管道布置应总长度尽量短，管径小，造价省，有利于防止水击。

图 8-25　微喷灌系统

管道布置应考虑各用水区域的需求，有利于进行轮灌分组。

平原地区支管尽量与作物耕作方向一致。

支管长度尽量一致，规格统一。

管线纵剖面应平顺，减少折点。

管线的布置应结合排水系统，道路林带统一规划。

四、中耕除草机械

（一）功能及特点

1. 中耕机械

中耕是作物生育期间在株行间进行的表土耕作，其主要目的是及时改善土壤状况、蓄水保墒、消除杂草、提高地温、促进有机物分解，为作物生长发育创造良好条件。中耕机械是指在作物生长过程中进行松土、除草、开沟、培土等作业的土壤耕作机械，一般兼有中耕、除草、施肥功能。中耕机械按主要工作部件的工作原理可分为锄铲式和回转式两大类，其中，锄铲式应用较广。

2. 除草机械

具有单一除草功能的除草机大都是小型机械，动力来自二冲程汽油机，根据作业需求可更换多种多功能机具头，如打草绳轮、刀片、小型旋耕机具、旋耕式除草机具等（图 8-26）。

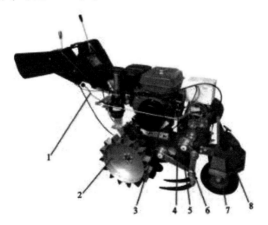

图 8-26　中耕机除草机

1. 变速杆　2. 驱动轮　3. 启动拉手　4. 电气控制箱　5. 齿轮箱　6. 耕作机构　7. 前轮　8. 配重块

（二）结构原理

该机型主要是经皮带将汽油机的动力传至摩擦离合装置，变速箱输入轴和摩擦片连接，通过输入轴的变速齿轮可以得到两种速度，然后再经齿轮变速，动力分别传至耕作轴和驱动轴。耕作轴两端装有耕作的驱动臂，带动耕作机构进行作业。驱动轴两端各有一只牙嵌离合器，分离时同侧的驱动轮停止转动，整机就朝这侧转向，两只都结合时就朝前行走。

（二）典型机具技术参数

3WG2700 型田园管理机（图 8-27）

外 形 尺 寸：1 600 mm×560 mm×1 070 mm

配套动力：5.5 kW

中耕形式：旋转

作业幅宽：70 cm

开沟宽度：17 cm

培土宽度：25 cm

开沟最大深度：50 ~ 60 cm（反复作业）

图 8-27　3WG2700 型田园管理机

培土最大深度：35 ~ 40 cm（反复作业）

作业速度：3 km/h

第九章　机械化收获

第一节　蔬菜收获农艺技术

收获是对达到商品成熟度的蔬菜产品器官进行收成的过程。多次收获的蔬菜在收获期间还要进行田间管理作业。合理的收获应符合"及时、无损、保质、保量、减少损耗"的原则。

一、收获标准

蔬菜种类繁多，供食用的产品器官不同，鲜销或加工、贮藏等用途不一，因而收获标准也不一致。但共同点都是以是否达到商品成熟度，即是否成熟到适合于食用或加工、贮运，作为唯一的收获标准。就多数蔬菜而言，商品成熟均早于生理成熟。如以根、茎、叶、花或幼嫩果实供食用的蔬菜均在生理成熟前就进行收获。只有少数蔬菜如西红柿、西瓜、甜瓜等的商品成熟度才与生理成熟度基本一致，即可以生理成熟度作为收获的标准。

蔬菜产品器官是否达到商品成熟度或符合收获标准，一般可按某些指标凭感官判断。但这些指标并非对每一种蔬菜都有同等重要的意义。同一种蔬菜产品器官在应用某种指标进行判断时，由于用途不同也可有不同的商品成熟度标志。另外，由于不同地区消费习惯的不同，收获标准还存在一定的地区差异。

二、收获时机

蔬菜的合理收获时机除根据收获标准掌握外，尚须考虑下列因素。

（一）保持长势

多次收获的蔬菜，如茄果类、瓜类的第一果（或第一穗果）宜适当早采，常在幼果尚未达到收获标准时就提前收获，以利于植株发棵和后续果实的生长。到结果盛期每隔 1 ~ 2 d 就收获一次，可避免植株早衰；多年生的韭菜，为维持高产和使地下根茎贮藏有足够的营养物质，防止早衰，应控制收割次数，且不能割得过低，影响下一茬产量和长势。

（二）提高贮性

高温时收获不利于采后贮藏；降雨后收获，成熟的果实易开裂，滋生病原菌，引起腐烂，一般以在晴天早晨气温和菜温较低时收获为宜；供冬季贮藏用的芹菜、菠菜等耐寒蔬菜，在不受冻的前提下适当延迟收获，可避免贮藏时脱水和发热、变黄腐烂。

（三）保持鲜度

在气温较低的清晨或上午收获，有利于保持产品的鲜度。

三、收获方法

地下根茎类蔬菜收获大多用锹、锄或机械挖刨。有的收获机械还附有分级、装袋等设备。收获时应避免机械损伤；收获后摊晾使表面水分蒸发和伤口愈合。洋葱、大蒜可连根拔起，在田间曝晒，使外皮干燥。多数叶菜类、果瓜类、豆类蔬菜则用刀割、手摘或用机械收获。

第二节　蔬菜机械化收获技术

在蔬菜生产各作业环节中，收获最耗费劳力和时间，作业量超过蔬菜生产全部作业量的 40%。为保证蔬菜品质、口感和质量安全，蔬菜适时收获与其他作物相比更有必要。

茄果类蔬菜因成熟期不一致，故收获周期较长；叶类蔬菜因植株脆嫩且对收获质量要求高，故成为收获难度较大的种类；根茎类蔬菜由于可食用部位生长在地下，因此成为收获劳动强度较大的种类。茄果类蔬菜收获机械包括收获西红柿、黄瓜、辣椒等作物的机械。叶菜类蔬菜收获机械主要有收获甘蓝、大白菜等作物的机械。根茎类蔬菜收获机械是收获胡萝卜、洋葱、萝卜、山药等土下蔬菜的机械，有分段作业式和联合作业式两种类型。

一、蔬菜收获机械化技术现状及发展趋势

（一）蔬菜收获机械现状

蔬菜收获机械作业条件复杂，各国采取的应对方式各不相同。20 世纪 30 年代欧美各国就已展开蔬菜机械化栽植和收获方面的研究。1931 ~ 1933 年，苏联研制了甘蓝收获机和块根拔取式收获机。1945 年美国研制出黄瓜收获机。20 世纪 50 年代以后，欧洲国家相继研制出各种类型的蔬菜收获机械。

美国、意大利等欧美发达国家是西红柿、甘蓝等蔬菜收获机械的生产大国，美国公司生产的西红柿收获机采用往复式切割器将茎切断，采用倾斜式输送器将西红柿运送到果秧分离装置，在西红柿与茎叶实现分离的同时，将茎叶抛至收获机外，西红柿被输送到色选机进行色选，经过色选后将未成熟的西红柿抛回田里，已成熟的西红柿通过输送装置进入运输车。意大利生产的甘蓝收获机采用割刀完成甘蓝根部的切割操作，通过两条倾斜式的回转传送带将甘蓝运送到清选平台，采用人工完成甘蓝清选和装箱作业。

日本、韩国受土地资源、人口老龄化等因素限制，也致力于蔬菜生产机械化水平的提高。日本蔬菜生产机械化在短短 40 多年间得到了迅速发展，主要是走引进、消化吸收路线。针对小青菜、韭菜、甘蓝等叶菜的收获研究较早，且已有成熟机具应用。近年，随着日本劳动力不足与人口老龄化，对蔬菜机械化提出了更高的要求，收获机械向智能机器人采摘、图像识别、GPS 导航、无人驾驶等方向发展。

与蔬菜生产的耕整地、田间管理等环节相比，我国蔬菜收获环节的机械化水平比较滞后，根茎类蔬菜的收获初步完成了从进口机型向国内自主研发机型转变的过程，果菜类蔬菜收获机械仅在新疆地区用于深加工用的西红柿、辣椒，鲜食用的果菜类收获机械尚在研究阶段，叶菜类蔬菜收获机械研发进程也较缓慢。

（二）现阶段蔬菜机械化收获存在的问题

从国内外蔬菜收获机械的研究现状看，目前国外蔬菜机械化收获技术相

对较为成熟,我国蔬菜生产的实际情况和蔬菜收获机械的研究还存在一些问题制约着其在我国的发展与推广。

1. 农艺粗放,重视程度低

蔬菜的机械化收获本身对农艺的要求较高,我国蔬菜的播种、移栽浇灌等机械化程度不高,种植粗放、农艺不规范这对收获机械的适应能力提出了更高的要求。此外,农民从思想上认为蔬菜生产是一种劳动密集型产业,更愿意接受手工作业,存在对蔬菜收获机械的重视程度不够。

2. 体型大,制造成本高

由于国外农业多为大农场模式,尤其是欧美国家设计的蔬菜收获机械体型庞大,制造成本高,价格昂贵。而我国蔬菜多为小农户种植,分布广而分散,一般农民负担不起投资成本,小型号、实用性强的机型更适宜于我国蔬菜的种植模式。

3. 易堵塞,蔬菜损伤大

蔬菜收获作业条件恶劣,蔬菜叶梗、泥土等容易堆积在机械的死角堵塞作业机械,影响收获效率。满足商业推广的机型要求具有良好的封闭性,并有一定的防堵塞、清淤能力。蔬菜的损伤率一直是评价收获机械性能的重要指标,蔬菜损伤不可避免,但应将损伤降低至可接受范围之内。

4. 结构复杂,智能化程度低

传统的蔬菜收获机械结构复杂,较多地采用机械传动的方式增加了其复杂性,也易造成堵塞问题。农田高低起伏的变化、复杂多变的环境、作业对象的差异性,使得其收获质量下降。随着电子电气技术的发展,电气传动、液压传动等将使蔬菜收获机械向着智能化的方向发展。

(三)蔬菜机械化收获技术研究方向

我国在引进国外蔬菜收获机械技术的基础上,基本解决了少数根类蔬菜的机械化收获问题。接下来要有重点地开展如甘蓝、胡萝卜、西红柿等收获机械的研究,突破甘蓝收获中的切根、外包叶去除,胡萝卜收获中的整齐切叶,多行收获西红柿中的果秧分离、分选等关键技术,并带动其他叶菜类、根菜类、果菜类等蔬菜收获机械的发展,研制出一系列符合我国农田作业的机型,可着重从以下五个方面开展研究工作。

1. 蔬菜物理特性的研究

蔬菜物理特性的研究是蔬菜收获机械研发的重要环节，通过蔬菜的几何形状（株径、株高、根茎、开展度等）、根茎叶的物理特性（抗拉强度、剪切力、拔取力等）等的研究，可以为蔬菜收获机械的研发、关键部件参数的设定提供理论依据。

2. 农艺结合农机的研究

在现代农业的发展中，农业机械化的实现越来越离不开农艺的支持，农机与农艺相辅相成共同服务于农业生产的综合效益，蔬菜收获机械的研发也一样。通过相关学科专家的定期交流、协同研究，培育适宜于机械化收获的蔬菜品种，制定符合机械化收获的栽培模式，如行距、垄作/平作等研发与农艺相融合的收获机械。

3. 机械结构的优化设计

蔬菜收获机械体积大，耗材量大，面对农户的经济承受能力需最大限度地降低制造成本。在满足机械性能的前提下，设计结构简单、紧凑、通用性好的机型，以满足广大的市场需求。同时现代机械设计理论和方法为问题的解决提供了途径，CAD/CAE 软件的运用，优化理论的研究，为进行机械的运动学、动力学仿真提供了技术平台，以达到优化机械结构的目的。

4. 收获机械的通用性

在目前的种植模式下，采用通用性差的收获机械反而会增加蔬菜生产经营的成本，制约蔬菜收获机械的推广。寻找蔬菜的共性，设计合理的结构，通过更换部分零部件或者调整工作参数的方法来实现一机多用，可提高蔬菜收获机械的通用性。多功能根茎类蔬菜收获机的研制成功就为提高蔬菜收获机通用性提供了范例。

5. 智能化的收获系统

随着微电子技术的迅速发展，将机械系统和电气控制、液压控制或气动控制结合起来，收获机械的操纵性、方便性和智能化水平将进一步提高。国内有液压仿形扶茎机构的研究，能根据土地平整情况作出适当的反馈，实现松土、深度的智能化调整。

（四）蔬菜收获机械化发展趋势

1. 发展多功能蔬菜收获机具

集多种功能为一体的蔬菜收获机械，能进行较为复杂的复式作业，如叶菜类收获与废弃物收集机械、根菜类收获与废弃物收集机械。

2. 发展专用、通用蔬菜收获机具

寻找不同蔬菜种类间的共性，研发结构简单、紧凑和通用性能好的机型，使其通过更换部分零部件或者调整工作参数就可以实现对不同种类蔬菜的收获，提高蔬菜收获机械的通用性，降低蔬菜的生产经营成本，促进对蔬菜收获机械的推广应用。蔬菜种类繁多，食用部分的形态和收获的部位差异大，收获方式有很大的不同，因此还需要研发专用蔬菜收获机械，增加机械收获蔬菜的种类，提高蔬菜收获机械化水平。

3. 采用先进技术

将机械控制和电气控制、液压或气动控制技术应用到蔬菜收获机械上，提高其智能化水平及自动化程度。采用先进的技术如信息采集、专家决策系统技术，充分应用地理信息系统（GIS）、全球定位系统（GPS）、农田遥感监测系统（RS）等精准农业的核心技术，使人的劳动技巧和选择能力得到充分发挥。在国外，蔬菜收获机有包含芦笋成熟度检测、西红柿在线色选装置等的报道，研究结合传感器机器视觉等技术，用于收获过程的蔬菜数量、重量等信息的采集、智能化品质识别和在线筛选等。

4. 分区域发展不同形式的蔬菜收获机械

借鉴美国、日本、韩国等国家蔬菜全程机械化发展的先进经验，我国东北、新疆等地规模化大型农场可引进大型收获机具，西南地区等应发展小型轻便收获机具。

二、蔬菜机械化收获试验

（一）检测点（取样单元）位置确定

检测地块大于 $1 \, hm^2$ 时将检测地块沿长、宽方向的中点连十字线，分成 4 小块，随机选取检测地块对角的 2 块作为检测样本。对每个样本地块采用五点法检测。从样本地块的 4 个地角开始，沿对角线 1/8 ~ 3/8 范围内各随机确

定出一点，再加上某一对角线中点，作为检测点的基准点。

检测地块小于 1 hm^2 时作为样本地块。

（二）测定指标

在土壤含水率适宜，蔬菜长势正常，垄距和行距一致的条件下，蔬菜收获机作业质量要求应测定以下指标。

1. 损失率

在各取样单元内分别收集漏收获、埋藏、捡拾输送损失的蔬菜，清除全部杂质，分别称其净质量，根据蔬菜质量和与其对应的取样单元的面积，计算取样单元内收获的蔬菜质量。按照公式计算取样单元蔬菜损失率，然后计算平均值。

$$K_s = \frac{W_1 + W_m + W_j}{W} \times 100$$

$$W = W_1 + W_m + W_j + W_h$$

式中：

K_s——蔬菜损失率（％）；

W_1——漏收获蔬菜质量，单位为千克（kg）；

W_m——埋藏蔬菜质量，单位为千克（kg）；

W_j——捡拾输送损失蔬菜质量，单位为千克（kg）；

W——蔬菜总质量，单位为千克（kg）；

W_h——取样单元面积内收获的蔬菜质量，单位为千克（kg）。

2. 含杂率

在各取样单元内将机器收获到的全部样品称出质量，清除全部杂质，称出质量，按公式计算各取样单元含杂率，然后计算平均值。

$$K_z = \frac{W_z}{W_y} \times 100$$

式中：

K_z——蔬菜含杂率（％）；

W_z——杂质总质量，单位为千克（kg）；

W_y——机器收获到的样品总质量，单位为千克（kg）。

3. 收获合格率

在各取样单元内测定机器收获到的全部蔬菜总数和收获合格的数量，按公式计算各单元收获合格率，然后计算平均值。

$$K_d = \frac{Q_h}{Q} \times 100$$

式中：

K_d——收获合格率（%）；

Q_h——收获合格蔬菜数量，单位为个；

Q——蔬菜总数，单位为个。

4. 损伤率

将机器收获到的全部样品称出质量，消除全部杂质，称出蔬菜净质量，再选出损伤的蔬菜称出质量。按公式计算各取样单元损伤率，然后计算平均值。

$$K_g = \frac{W_g}{W_h} \times 100$$

式中：

K_g——蔬菜损伤率（%）；

W_h——取样单元面积内收获的蔬菜质量，单位为千克（kg）；

W_g——损伤蔬菜质量，单位为千克（kg）。

三、叶菜类蔬菜收获机械

叶菜类蔬菜收获机械又分结球类叶菜收获机械和非结球类叶菜收获机械。结球类叶菜主要包括甘蓝、白菜等，非结球类叶菜包括空心菜、菠菜、芥菜、韭菜等。叶菜根系一般较浅，生长周期短，单位面积上植株较多，且叶嫩多汁，一般宜就地收获，就地供应。

（一）非结球类叶菜收获机

1. 农艺特点

叶菜一般都具有鲜嫩的茎叶，极易破损，机械收获一般会造成损伤，使得在收割与输送方面都很难保证叶菜的损伤率及收割质量。

叶菜种类多种多样，且大多株距不确定，增加了收获机的采摘难度。

叶菜的采摘切割点一般比较低，所以收获机的采摘装置必须布置得离地较近，同时要防止机架碰及土地，这都加大了收获机械整体结构设计的难度。

种植地泥土较多，凹凸不平，且大多具有一定的含水量，收获机行走困难。

2. 机械收获技术现状

叶菜类收获机的工作过程主要包括切割、捡拾、输送、收集等步骤，结构如图9-1所示。在收获机进行作业时，收获机前进，经拨禾轮的推动，把菜叶推至往复式切割器前进行切割，被切割后的菜叶经输送带运送到收集箱，适时卸出。

绿叶蔬菜如菠菜、鸡毛菜等，机器播种后两周就可以收割，Urschel 设计的收获机采用圆盘割刀将菠菜等从根部切断，然后由传送带收获食用叶子。意大利 Hortech 公司的 Slide FW 机型采用的则是水平锯齿割刀，且切割高度可自动调节。绿叶蔬菜比较容易实现机械化收获，但对蔬菜的种植规范和土地平整度要求较高。其他叶菜类收获机，如大葱、韭菜等收获机，国外也有商业推广的机型，如丹麦 Asa‒Lift 公司的韭菜收获机等。

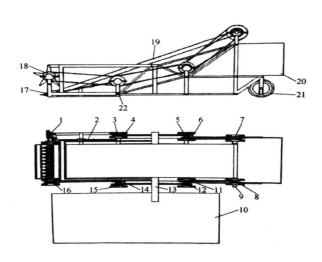

图 9-1　叶菜类收获机结构示意

1. 切割器传动机构　2. 连杆　3、5、6、7、8、11、12、14、15、16. 链轮　4. 偏心轮　9. 主轴
10. 拖拉机　13. 牵引装置　17. 往复式切割器　18. 拨禾轮　19. 输送带
20. 收集箱　21. 行走轮　22. 机架

（二）结球类叶菜收获机

1.农艺特点

（1）叶球易损伤　球茎是由多个叶片结球而成，叶子鲜嫩，容易损伤。

（2）形状差异大　结球叶菜有很多品种，每品种的结球形状都不相同，有正头形、卵圆形和直筒形等。

（3）球高差异大　由于品种和地区的差异，结球高度的范围差距大（20 ~ 80 cm）。

（4）种植密度（株距和行距）差异大　种植习惯、品种和地区等因素对种植密度有很大的影响，变化范围为 30 ~ 80 cm。

（5）栽培模式整齐　结球叶菜都是条播，作物生长在同一条基线上。

2.机械收获技术现状

（1）大白菜收获机械　日本 Kanamitsu 等研制了一种自走式白菜收获机，其由导向板、螺旋拔取器、弹性夹持皮带、圆盘割刀、行走装置和动力传动装置等组成。该收获机由液压系统控制的导向轮能够控制机器的行走方向及机身与水平面的高度。为了能顺利地将大白菜向上传送，弹性夹持皮带夹住白菜的结球部，与螺旋升运机构共同完成白菜的升运过程。在传送的过程中，圆盘刀切除白菜的根茎部，然后将球茎部平铺在地面上，完成收获过程。

由日本农业生物系特定产业技术研究机构研制的、面向大规模种植的大白菜收获系统，侧悬挂在 15 kW 的拖拉机上，它集收获、调配装箱和运输于一身，由螺旋升运机构、夹持皮带、圆盘割刀和横向工作台等组成。白菜在拔取与搬送过程中，外叶根茎部被旋转的圆盘割刀切断，白菜经工作台进入集装箱。搬送作业连续进行，并同时需要 3 名工作人员完成收获的全过程。收获方式为单行收获，采用液压调节装置调节收割台的高度。螺旋升运机构与水平面成 15° 倾斜安装。

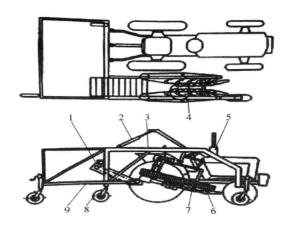

图 9-2　悬挂式白菜收获机示意图

1.升运器　2.液压调节机构　3.机架　4.圆盘割刀　5.伸缩弹簧　6.夹持皮带
7.螺旋拔取器　8.地轮　9.工作台

（2）甘蓝收获机械　甘蓝收获机为叶菜类蔬菜收获机械的典型代表。1931 年，苏联根据 N.H. 鲍洛托夫制成了第一台甘蓝收获机。该机的主要工作部件是左右拔取部件圆盘锯齿刀和横向刮板式输送器，输送器把甘蓝装到并行的台车上。拔取部件由两条回转链条组成，其内边由弹簧彼此压紧，部件与水平面成 25° 安装。拔取链条夹住甘蓝球茎处，把它从土壤内拔出并送至割刀处；割刀把菜根切下，菜头从拔取器内出来时落到横向刮板式输送器上，再由它送到并行的台车上。该机为单行，与拖拉机配套。两组拔取器分别固定在刮板式输送器的两端。输送器铰接安装在拖拉机机架上，它可根据拔取器的工作情况向左或向右转动。这种结构可从地块一侧用穿梭法收获甘蓝。工作时，只有一个拔取部件处在工作状态，而另一个升起来。机器在地头转弯时，变换两拔取部件的状态，改变刮板式输送器的运转方向。

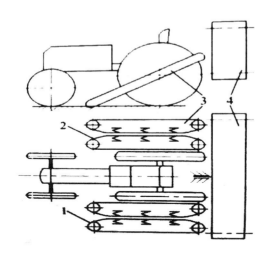

图 9-3　甘蓝收获机结构示意图

1. 左拔取器　2. 右拔取器　3. 割刀　4. 板式输送器

　　加拿大 HRDC 公司的甘蓝收获机为单行收获，收获部件悬挂在拖拉机的左侧，动力由拖拉机提供，如图 9-3 所示。该收获机采用电子液压控制系统控制割刀高度及拔取升运机构的高度，确保整齐精确地切割。利用软橡胶传送带夹持甘蓝球茎，辅助完成切割作业并把球茎部传动到集装箱内。

　　美国研制的甘蓝联合收获机由导向锥体、相对旋转的一对螺旋、圆盘切刀和输送器等组成。该收获机能一次完成切割、除叶和装车工序。作业时，甘蓝由导向圆锥体引向螺旋输送器；经整平后，将甘蓝引向圆盘刀，切下甘蓝根部，由吊索式输送器压紧甘蓝头部输送到接收输送装置；经叶子分离螺旋分离出被切下的老叶或残叶；经检查输送台输送到卸菜升运器，将甘蓝送至挂车。为减轻装载时撞击对甘蓝的损伤，在卸菜升运器的尾部安装了可调整高度的缓冲托盘。

　　我国关于结球叶菜收获机的研究较少，台湾大学农机系在 20 世纪 80 年代末成功研制了一台履带式 10 kW 甘蓝收获机，一次收获一行，有拔取、根茎切断、外叶切除及装箱等作业功能，适用于一畦行距 65 cm、株距 40 cm 或一畦两行畦距 130 cm、行距 65 cm、株距 45 cm 的栽培方式。甘肃农业大学在分析甘蓝根茎切割力影响因素的基础上，对 4YB-I 型甘蓝收获机进行了三维建模，并确定了切割器的具体参数，但还未完成样机的制造和田间性能测试。

浙江大学设计了一种甘蓝收获机械，能完成甘蓝的拔取导正、夹根输送、切割和外包叶去除等作业。

四、根菜类蔬菜收获机械

根菜类蔬菜收获有两种方法：一种是将块根和茎叶从土壤内拔出，然后分离茎叶和土壤，按这种原理工作的机械称为拔取式收获机。另一种是在根从土壤内被拔出之前，先切去块根的茎叶，然后再把块根从土壤内挖出，并清除土壤和其他杂物，按这种原理工作的机械被称为挖掘式收获机。根菜类蔬菜收获机最有代表性的为胡萝卜和马铃薯收获机。

（一）胡萝卜收获机

1937 年，美国成功研制了世界上第一台拔取式胡萝卜收获试验样机，并在此基础上研制了一系列根类作物牵引式联合收获机。胡萝卜收获机包括拔取装置、输送系统和机架等，如图 9-4 所示。工作时，先由松土铲挖松土壤，拔取传送带夹持樱叶将胡萝卜拔出，输送至割刀处切除胡萝卜茎叶，根部随输送带装箱完成收获。

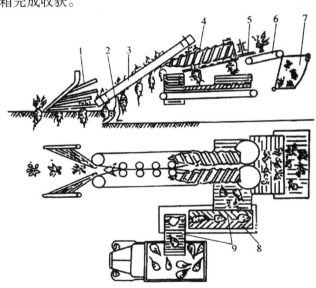

图 9-4　拔取式收获机工作示意图

1. 扶茎器　2. 挖掘铲　3. 拔取器　4. 齐平器　5. 切割器　6. 茎叶输送带
7. 集叶箱　8. 清理器　9. 根茎输送带

丹麦 Asa-Lift 公司生产的 CM1000 型拔取式胡萝卜收获机为小型牵引式联合收获机，包括拔取装置、输送系统和机架等。工作时，先由松土铲挖松土壤拔取传送带夹持樱叶将胡萝卜拔出，输送至割刀处切除胡萝卜茎叶，根部随输送带装箱完成收获。主要技术参数：机重 1 500 ～ 2 000 kg，配套动力 59.7 ～ 104.44 kW，配套液压 35L/min，工作速度 3 ～ 8 km/h。

丹麦 Asa-Lift 公司生产的 T-120 型挖掘式胡萝卜收获机，采用先切顶后捡拾的收获方式，先将胡萝卜樱叶打碎，再由锯齿刀盘将胡萝卜在根茎结合部下几厘米的部分切掉，然后通过松土铲将泥土和胡萝卜一起铲到输送装置上，筛网式的输送装置通过震动输送将泥土和胡萝卜分离，风机清选用来减少茎叶残留，收获后的胡萝卜主要用于深加工。

第三节　常用蔬菜收获机

收获是蔬菜生产全过程中用工最多、要求最高，也是机械作业难度最大的一个环节，本书主要介绍一些典型的蔬菜收获机械，另外介绍一些其他的收获机械及辅助收获的移动平台。

茄果类蔬菜的收获机械已经应用于生产的主要是针对加工型西红柿、辣椒、仔瓜等少数几种蔬菜，都是统收式一次性收获，其他鲜食用的茄果类蔬菜收获机械还很难在生产中推广应用。

一、胡萝卜收获机

（一）功能及特点

胡萝卜收获机的主要功能是挖掘夹持收获，同时切顶，将胡萝卜装箱。欧美地区多以大型侧牵引联合收获机为主，技术先进、作业效率高，适合大面积作业；亚洲的日本、韩国及我国台湾地区多采用自走式中小型收获机械，机器结构紧凑，配套动力小，适用于小地块作业。按同时收获的行数来分，胡萝卜收获机可分为单行、双行、多行几种类型。

（二）典型机型技术参数

1. 久保田 CH-201C 胡萝卜收获机（图 9-5）

外形尺寸：3 355 mm × 1 685 mm × 1 840 mm

整机重量：1 080 kg

前进速度：作业 0 ~ 0.8 m/s，

行走 0 ~ 1.5 m/s

后退速度：行走 0 ~ 1.2 m/s

收获行数：1 行

收获方式：固定挖掘刀头

切断高度：−10 ~ +10 mm

适配胡萝卜长：300 mm 以下

（除萝卜缨的长度）

图 9-5 久保田 CH-201C 胡萝卜收获机

适配胡萝卜直径：20 ~ 70 mm

2. 西蒙 S3S 胡萝卜收获机（图 9-6）

整机重量：1 300 kg

配套动力：90 马力以上（含两组液压）

悬挂方式：侧挂式

分选传送带：宽 650 mm，节距 28 mm

图 9-6 西蒙 S3S 胡萝卜收获机

主要特点：特制的秧苗切刀系统，可快速高效的切除胡萝卜秧苗，一次性完成挖掘、夹持、输送、切断、分选作业。前滑轮中心到后滑轮中心长 3 750 mm，提升臂配有前置油缸，可根据胡萝卜的长度用曲柄调整剪切板。并配有抖动装置。

二、洋葱收获机

（一）功能及特点

洋葱收获较其他根茎类作物要复杂，作业过程包括：切秧灭秧、挖掘、输送、分离、铺条、捡拾、清选、装运。根据完成作业功能的多少，洋葱收获机主要分为一次完成一项功能的分段式收获和一次可完成几项功能的联合收获两大类。

（二）典型机型技术参数

德沃 YW-1700 洋葱收获机（图 9-7）

外形尺寸：4 200 mm × 2 260 mm × 1 250 mm

整机重量：1 300 kg

配套动力：58.8 ~ 88.2 kW

作业速度：3 ~ 5 km/h

作业效率：5 ~ 10 亩 /h

带式筛宽度：1 700 mm

主要特点：能完成挖掘、输送、分离、铺条功能。

图 9-7　德沃 YW-1700 洋葱收获机

三、大蒜收获机

（一）功能及特点

大蒜收获机一般分为联合收获机和半机械化收获机。大蒜联合收获机可一次完成对大蒜的挖掘、去土，输送、整理、切茎、收集、转运等农艺环节。大蒜半机械化收获机是将大蒜从地里挖掘出来，铺放成条或堆，然后再由人工完成大蒜收获的后续环节，这类收获机功能单一，可以节省一些体力，难以实质性提高劳动生产效率。

（二）典型机型技术参数

4DLB-2 型大蒜联合收获机（图 9-8）

外形尺寸：4 218 mm × 2 048 mm × 2 860 mm

额定功率：33 kW

最低株高：30 cm（株距不限）

生产效率：2 ~ 3 亩 /h

损失率：1.1% ~ 2.3 %

含土率：1.3% ~ 1.5 %

伤蒜率：1.7% ~ 2.2 %

蒜头留梗长度：32 ~ 44 mm

作业幅宽：80 cm

图 9-8　4DLB-2 型大蒜联合收获机

四、生姜收获机

（一）功能及特点

生姜收获要求比较高，收获后去土，且新姜块不分离。目前常见的为手扶操纵式，在变速箱输出轴两端增设侧传动箱，既可降低运行速度，又可提高整机离地间隙。采用深度切割方式使土壤疏松从而达到挖掘收获的目的。既能收获大葱又能收获生姜，一机两用。这类生姜挖掘机械起到将土壤松动、抬升的作用，然后由人工拔起、去土，整棵存放后熟。

（二）典型机型技术参数

DC4US-600 生姜收获机（图 9-9）

型式：履带自走式

配套动力：≥ 7.7 kW

轮距：720 mm

最小离地间隙：470 mm

作业幅宽：60 ~ 80 cm

作业深度：35 cm

作业效率：1.5 ~ 2 亩 /h

图 9-9　DC4US-600 生姜收获机

五、马铃薯收获机

（一）功能及特点

马铃薯收获机又名土豆收获机，主要用于土豆、红薯等地下薯类的收获、成堆等工序。马铃薯收获机一般由限深轮挖掘铲、抖动输送链集条器、传动机构和行走轮等组成，它在带有悬挂装置的拖拉机的牵引下可快速高效地收获马铃薯，一次完成挖掘、分离铺晒工作，同时明薯率高，损伤率小。

（二）典型机型技术参数

1. 洪珠 4U-83 马铃薯收获机（图 9-10）

整机尺寸：1 450 mm×1 150 mm×900 mm

结构重量：230 kg

配套形式：三点后悬挂

配套动力：30 ~ 35 马力四轮拖拉机

工作效率：3.5 亩 / 时

工作深度：20 ~ 30 cm

收获宽度：60 ~ 85 cm

垄距：90 ~ 120 cm

收净率：99 %

图 9-10　洪珠 4U-83 马铃薯收获机

2.4US-80 型马铃薯收获机（图 9-11）

配套动力：5.88 ~ 8.8 kW

配套形式：三点悬挂式

外形尺寸：950 mm×950 mm×600 mm

整机重量：100 kg

作业幅度：800 mm

生产效率：≥ 1 亩 /h

图 9-11　4US-80 型马铃薯收获机

六、包菜收获机

（一）功能及特点

可以进行甘蓝、大白菜类蔬菜的收获作业，有牵引式和背负式两种机型。收获的行数有 1 行和 2 行。多采用先切根后拾取的方式，输送带将收获后的甘蓝送至整理平台，由人工清理残叶并装箱。

（二）典型机型技术参数

意大利 Hortech 公司 RAPID T 包菜收获机（图 9-12）

外形尺寸：6 500 mm × 2 300 mm × 1 700 mm

连接方式：三点悬挂

图 9-12　RAPID T 包菜收获机

配套动力：52 ~ 60 kW

整机重量：800 kg

收获行数：1 行

适用行距：≥ 35

轮距：1 650 mm

主要特点：独立液压系统，前置切割刀头，传感器调节切削深度，侧装货框装卸系统。

七、生菜收获机

（一）功能及特点

适于生菜的收获，主要机构包括履带底盘、切制刀、夹持输送带、整理平台等。先进的机型带有自动对行功能和自动润滑系统，带锯齿的圆盘刀片在电动液压感应系统控制下可调整切割高度。

（二）典型机型技术参数

意大利 Hortech 公司 RAPID SL 生菜收获机（图 9-13）

外形尺寸：5 000 mm × 2 200 mm × 1 800 mm

驱动方式：履带自走式

配套动力：37 kW

作业速度：0 ~ 6 km/h

适应行距：25 cm

收获行数：4 行

图 9-13　RAPID SL 生菜收获机

八、叶菜收获机

（一）功能及特点

适用于小白菜、茼蒿等密植型叶菜收获地表以上部分的茎叶，往复式割刀或带锯式割刀贴近地表切割，上部的叶菜经输送带提升，再由人工完成装箱。小白菜收获机有手扶式、乘坐式之分，按动力类型有电动、油动和电油混动等几种。

（二）典型机型技术参数

1. 叶菜带根收获机（图 9-14）

收获宽度：1.2 m

轮距：≥ 1 450 mm

驱动方式：4 轮驱动

作业速度：0 ~ 10 km/h

标准平台：≤ 2 300 mm

主要特点：液压调整切割高度，带高度指示器。

图 9-14　叶菜带根收获机

手动阀门调整传送带速度。左右两侧平台放置菜筐。

2. RJP120 叶菜收获机（电动款）（图 9-15）

外形尺寸：2 000 mm × 1 500 mm × 1 300 mm

机器重量：165 kg

图 9-15　RJP120 叶菜收获机（电动教）

收获宽度：1 200 mm

工作高度：1.15 m（可调）

输送带长度：1.37 m

工作时间：每充一次电可工作 6 ~ 7 h

作业效率：1 min 可收获长度约 5 m

主要特点：两个电瓶，切割高度及扶禾器高度可根据不同作物进行调整，适用收获（小）生菜、小叶菜、菠菜等。

3.HORTECH 叶菜收获机（分行收获，可打捆）（图 9-16）

动力：久保田 35 马力 4 缸发动机

底盘：履带式，可配轮式底盘（轮距最小 1 450 mm）

收获行数：5 行

作业幅宽：2 300 mm，型号不同有变化

作业速度：0 ~ 7 km/h

主要特点：切割系统带单刀片，液压传送带，手动阀门调整传送带速度，

图 9-16　HORTECH 叶菜收获机

行进系统带自动驾驶，切割高度由电液传感器控制保证切割高度，侧踏板存放菜箱。

4.萨顿 MINI 蔬菜收获机（图 9-17）

图 9-17　萨顿 MINI 蔬菜收获机

切割宽度：710 mm

切割高度：0 ~ 50 mm，切割高度可调

驱动马达：12 V

主要特点：切割头保护装置和不锈钢切割头，保证了产品的耐用性及蔬菜的安全性。皮带及刀片由 12V 的马达驱动，马达电池可充电，充满电可用 3 h。

九、菠菜收获机

（一）功能及特点

适用于菠菜、香菜等需要连根一起收获的叶菜，可在土表以下一定深度进行切割作业，菜体留在原位，由人工捡拾装箱。该类机具也适合大蒜、洋葱的收获。

（二）典型机型技术参数

1.康博 JT-1350 菠菜收获机（图 9-18）

外形尺寸：820 mm × 1 550 mm × 820 mm

整机重量：121 kg

配套动力：5.9 ~ 6.3 kW

作业幅宽：135 cm

收割深度：10 ~ 18 cm

图 9-18　康博 JT-1350 菠菜收获机

2.意大利 HORTECH 菠菜收获机（带根）（图 9-19）

动力：久保田 4 缸 35 马力发动机

驱动方式：4 轮驱动

轮距：最小 1 450 mm

作业速度：0 ~ 10 km/h

作业幅宽：1 250 mm

主要特点：液压调整切割高度，手动阀门调整传送带速度，双进给系统可使机器变速前进。

图 9-19　HORTECH 菠菜收获机

十、韭菜收获机

（一）功能及特点

适用于韭菜的对行收获，集收割、传送、收集于一体，柔软的皮带设计可保护韭菜叶不被伤害。

（二）典型机型技术参数

明悦 hx-200 韭菜收割机（图 9-20）

外形尺寸：2 100 mm × 630 mm ×

870 mm

整机重量：90 kg

收割宽度：20 mm

铺放型式：侧向条放

配套动力：电动

生产效率：2 亩 /h

十一、辣椒收获机

图 9-20　明悦 hx-200 韭菜收割机

（一）功能及特点

辣椒收获机有分段式和联合式之分，在我国新疆、甘肃等地应用的主要是大型联合式收获机。辣椒收获机的关键是收获和分离机构，有螺旋杆式、梳齿式、滚筒式三种。

螺旋杆式是使辣椒茎秆进入采摘装置，转动的螺旋杆对辣椒秧茎进行持续敲打，将果实从茎秆上打落，实现果实与茎秆的分离。

梳齿式是使梳齿插入辣椒秧茎，强制把果实从果柄上捋下，实现果实与茎秆的分离，根茎仍生长在地里。

滚筒式是将整株切割后带果实的茎秆送至倾斜滚筒式分离装置，滚筒回转对辣椒秧茎进行反复打击，使果实脱落。

（二）典型机型技术参数

雷肯 4YZ-LJ 辣椒收获机（图 9-21）

整机重量： 5 300 kg

工作幅宽：1 040 mm

作业方式：自走式不对称收获

总损失率：≤ 6%

作业效率：2 ~ 3.5 亩 /h

主要特点：全车电控，底盘静液压
无极变速，液压传动，可增加清选功能。

图 9-21　雷肯 4YZ-LJ 辣椒收获机

十二、鲜玉米收获机

（一）功能及特点

鲜食玉米收获机是针对鲜食玉米果穗的收获，讲求快速高效，同时最大限度地减少对果穗的损伤。对玉米茎的处理有切碎收集和粉碎还田两种方式。先进机型的割台采用全液压操作系统，夹持式胶辊由极软的硅胶材质制成，能够解决传统的玉米收获机对果穗的损伤问题。

（二）典型机型技术参数

雷肯 4YZT-4 鲜食玉米收获机（图 9-22）

外形尺寸：6 600 mm × 2 480 mm × 3 200 mm

图 9-22　雷肯 4YZT-4 鲜食玉米收获机

整机重量：6 270 kg

配套动力：103 kW

工作行数：4 行

工作幅宽：244 cm

适应行距：55 ~ 65 cm

生产效率：3 ~ 6 亩 /h

总破碎率：≤ 4 %

十三、青毛豆收获机

（一）功能机特点

可在田间完成青毛豆采摘、清选、分栋入仓功能。有轮式和履带式两种底盘。

（二）典型机型技术参数

1. 雷肯 4YZ-MD 青毛豆收获机（图 9-23）

外形尺寸：

8 080 mm × 2 630 mm × 3 380 mm

整机重量：6 530 kg

配套动力：103 kW

行走方式：自走式

工作幅度：2.2 m

收割形式：弹齿

图 9-23 雷肯 4YZ-MD 青毛豆收获机

2. GH-4 型毛豆收割机（图 9-24）

外形尺寸：2 900 mm × 1 000 mm × 1 650 mm

整机重量：280 kg

变速方式：HST 前进后进无级变速（副变速：2 级）

脱荚收割方法：基于倾斜设置的螺旋叶片的立毛脱荚方法

收获行数：1 行

工作效率：2 ~ 4 a/h（1 ~ 2 人）

作业环境：每条间距 80 ~ 90 cm，斜度 3/100 以下，倒伏角度 30° 以下，垄高 20 cm 以下

适合品种：主茎长 25 ~ 50 cm，结荚位置 10 ~ 50 cm，分枝数 3 ~ 5 枝

图 9-24 GH-4 型毛豆收割机

十四、田间用运输移动平台

（一）功能及特点

可在田间随蔬菜收获作业，完成输送、搬运等功能。有手扶和乘坐、电动和油动、轮式底盘和履带式底盘之分。履带式机型也可适用于果园作业。

（二）典型机型技术参数

1.XGH600E 高床作业车（图 9-25）

外形尺寸：2 410 mm × 1 275 mm × 1 115 mm

图 9-25　XGH600E 高床作业车

载重量：650 kg

操作台离地高度：610 mm/710 mm

前进速度：0.4 ～ 3.45 km/h

后退速度：0.44 ～ 2.9 km/h

主要特点：适用于甘蓝、西蓝花、叶菜类等蔬菜的收获时辅助搬运平台。

2. 筑水 3B61FLDP 乘坐式履带搬运车（图 9-26）

外形尺寸：2 060 mm × 870 mm × 1 135 mm

配套动力：4.5 kW

最小离地间隙：15 cm

图 9-26　筑水 3B61FLDP 乘坐式履带搬运车

载重量：500 kg

货箱尺寸：1 300 mm × 900 mm × 230 mm

爬坡能力：≤ 25°（空载）

行驶速度：前进 0.4 ~ 5.3 km/h，

后退 0.4 ~ 1.8 km/h

3.3B55TD 履带式田间搬运机（图 9-27）

外形尺寸：

1 850 mm × 815 mm × 900 mm

机器重量：200 kg

最小离地间隙：≥ 100 mm

履带中心距：655 mm

货箱尺寸：

1 050 mm × 745 mm × 200 mm

载重量：400 kg

图 9-27　3B55TD 履带式田间搬运机

爬坡能力（空载）：≤ 25°

行驶速度：前进 0.5 ~ 6.1 km/h，后退 0.7 ~ 3.1 km/h

主要特点：可根据需要加装喷雾打药设备。

第十章 蔬菜生产机械化解决方案

第一节 概 论

在我国实现蔬菜机械化的进程中，分析技术经济效果时应考虑以下几个方面：蔬菜机械化的发展既受经济规律制约又受自然规律制约，不仅要考虑经济效果，还要兼顾土地生产率和农业生态问题；既要关注当前的局部经济效果，还要考虑全局的长远经济效果。由于各地的自然条件不同，蔬菜生产布局、种植制度技术措施差异很大，蔬菜机械的投放、选型、配套及使用会产生不同的技术经济效果，应根据不同地区的不同情况进行技术经济分析。我国人多地少，蔬菜机械化应从技术经济角度走选择性机械化的道路，在评估技术经济效果时，既要考察直接经济效果也要注重间接经济效果。

针对我国蔬菜生产农机与农艺技术脱节、生产环节可用农机具缺乏、各生产环节机具不配套的问题，本文以部分蔬菜生产为典型，改进了蔬菜生产技术模式，提供了一种农机与农艺技术结合，主要适用于露地蔬菜轻简生产的机械化解决方案。其主要生产环节通过机械化手段实现，能够大大减少用工，节省人工成本，适用于专业化程度高、种植规模较大的蔬菜基地，有利于提高蔬菜种植效率和收益，缓解蔬菜产业面临的农村劳动力紧缺的突出问题，且适合当地种植条件，在机具配套时可根据各地生产实际并结合技术经济等条件进行选配。由于我国蔬菜机械化生产尚处于起步阶段，各生产环节间农机与农艺配套不够，装备还比较欠缺，下文介绍的蔬菜机械化生产解决方案还有待完善，在此仅供参考。

第二节　蔬菜生产机械化解决方案

一、成都郫都生菜生产机械化解决方案

（一）生菜种植概况及农艺要求

生菜学名叶用莴苣，为一年生或二年生草本作物，喜欢冷凉的气候，种子发芽的最低温度为 4 ℃，时间较长。发芽最适温度为 15 ~ 20 ℃，3 ~ 4 d 发芽，30 ℃以上发芽受阻，所以夏季播种时，须进行低温处理。结球生菜茎叶生长适温为 11 ~ 18 ℃，结球期的适温为 17 ~ 18 ℃。幼苗可耐 –5 ℃低温。21 ℃以上不易形成叶球或因叶球内部温度过高而引起心叶坏死腐烂。气温在 30 ℃以上时，生长不良。生菜适宜微酸性土壤，在有机质富饶的土壤中种植，保水、保肥力强、产量高，如在干旱缺水的土壤中种植，根系发育不全，生长不充实，菜味略苦，品质差。生菜不同的生长期，对水分要求不同，幼苗期不能干燥，也不能太湿，太干苗易老化，太湿苗易徒长。发棵期，要适当控制水分，结球期水分要充足，缺水叶小，味苦。结球后期水分不要过多，以免发生裂球，导致病害。

（二）生菜机械化生产作业工艺研究

1. 生菜生产工艺流程

以成都郫都生菜露地栽培为例，每年种植 4 ~ 6 茬，不同季节生长期长短各不相同。根据蔬菜生产农机装备现状和成都郫都种植条件，设计生菜机械化生产主要工艺过程如下：机械化播种—机械化耕整地—机械化移栽—自动化田间管理—机械化收获。各工艺过程的农业机械选型，应该有利于实现生菜特色的耕作体系和提高作业质量，根据现有设备基础和所在地自然条件等情况，结合我国农机市场适用动力机械和各环节作业机具型号进行选型配备。

2. 主要环节技术方案

成都郫都生菜采用垄作方式轮作制度，以露地栽培为主，机械化生产技术解决方案结合当地生菜生产农艺技术规程而制订，垄宽 1 200 mm，垄高

200 mm，沟宽 250 mm。通过选用自动播种机、旋耕机、起垄机、蔬菜移栽机、灌溉装置、喷雾机、收获机等装备，依次完成播种育苗、耕整地、移栽、灌溉、植保、收获等主要生产环节，各生产环节的作业时间和作业内容根据农艺技术规程和机具作业规范确定。

（三）生菜生产机械化解决方案（表 10-1）

表 10-1　生菜生产机械化解决方案

环节	作业时间	作业规程	技术模式	配套机具
育苗	根据田块情况随时安排，一年可以种植 4 ~ 6 茬	选用优质、纯净度高、发芽率高的品种。播种要求均匀，深度适宜	自动化播种	蔬菜育苗播种流水生产线
土地旋耕	根据精整地时间安排，提前 1 ~ 2 d	表面平整，土块均匀细碎	机械化旋耕	旋耕机
精整地	根据移栽时间安排，可提前 1 ~ 2 d	表面平整，土壤细碎，垄宽 1 200 mm，垄高 200 mm，沟宽 300 mm	机械化精整地	意大利 HORTECH AI140 牵引式起垄机
移栽	春秋：育苗播种后 40 ~ 45 d；夏季：育苗播种后 20 ~ 25 d；冬季：育苗播种后 50 ~ 60 d	一垄移栽 4 行，行距 280 ~ 300 mm，株距 180 ~ 200 mm，移栽深度 25 ~ 30 mm	机械化移栽	意大利 HORTECH OVER PLUS 4 移栽机

续表

环节	作业时间	作业规程	技术模式	配套机具
灌溉	栽后浇水，以后根据情况补水作业	根据作物需求，灌溉适量，喷洒均匀	机械化灌溉	自走式喷雾机
植保	栽后第3d一次，以后根据作物情况进行作业	根据作物需求，喷洒均匀，覆盖全面	机械化植保	自走式喷杆喷雾机
收获	春秋：移栽后 40～45 d 夏季：移栽后 30～35 d 冬季：移栽后 80～90 d	前置锯齿收获，一次性切割4行，作业宽度 1 400 mm	机械化收获	意大利 HORTECH RAPID SL 4 自走式收获机

（四）生菜机械化生产指导意见

1.育苗物料准备

（1）穴盘　根据所需种苗种类、成苗标准、实际生产选用合适穴盘，72 孔或105孔穴盘。

（2）基质　基质要求保肥、保水力强，透气性好，不易分解，能支撑种苗且质量大于蔬菜苗质量，可根据种苗生长期长短和需肥特点添加化学肥料。并将珍珠岩和基质按 3 : 1 均匀混合。

（3）种子　选用适合本土气候的意大利散叶生菜品种。采取风选或者振动方式筛选后，将种子用密封袋包裹冷却 12～24 h，促进种子催芽。

2.育苗播种作业

第一，将混合均匀的基质和珍珠岩装入穴盘中，装满齐平后压实，浇淋少量水。

第二，将处理好的种子均匀放入穴盘孔穴正中位置，每穴 1 ~ 3 粒。喷洒杀菌剂进行消毒杀菌。

第三，表面均匀覆盖基质至齐平，并浇透水分。

第四，将已经播种好的穴盘整齐放至温室大棚苗床架上。

第五，为确保播种质量，可采用育苗播种流水生产线进行播种，一次性完成装盘、压穴、播种、覆盖和喷水等一系列作业工序。

3. 育苗苗期管理

（1）出苗前　生菜种子发芽的适宜温度是 15 ~ 20 ℃，合适的温度下 2 d 左右胚根下扎，3 d 左右露白，拱土出芽。此期管理的重点是控制温度，白天 15 ~ 22 ℃，夜间 12 ~ 16 ℃，温度过高，超过 25 ℃时间过长会造成生菜种子休眠，出苗率大大下降；温度过低会延迟出芽，出芽时间越长出苗率越低。一般情况下，出苗前不用再喷水。

（2）出苗后　此期管理的重点是增加光照和控制温度、湿度，此时光照不足、温度过高、湿度过大会造成幼苗徒长，使苗弱，很容易生病，成苗率不高。这时期的温度控制在白天 15 ~ 25 ℃，夜间 10 ~ 15 ℃，湿度以苗盘见干见湿为宜，太干可喷洒少量水分。

播种后 1 周左右，幼苗长至 2 叶 1 心时可喷洒磷酸二氢钾，补充幼苗所需的养分，生根壮苗，提高抗逆能力。同时，混合喷洒杀菌剂进行消毒杀菌，并喷洒生根剂。

播种后 1 周左右，达到 3 叶 1 心时，根据苗的长势情况进行人工间苗，保留 1 穴 1 株健壮的生菜苗。

苗期需要根据长势情况适当喷洒补充水溶性液态肥。同时，此期要防治幼苗发生烈日灼伤，及时关注天气变化，提前采取预防设施。

（3）定植前　定植标准是 4 叶 1 心到 5 叶 1 心。提前 7 ~ 10 d 炼苗，控水促进盘根，同时加长通风时间，此时要注意观察苗盘的湿度，同时防治风吹伤幼苗，此期要防治斑潜蝇等害虫。

在定植前一天，可对基质浇透水分。

4. 田块准备

机械化移栽对作业地块的质量要求高，需要地表平整，土块细碎，土壤疏松。用旋耕机旋耕土地 1 ~ 2 遍，高低差 ≤ 80 mm/ 亩，旋耕深度 200 ~ 250 mm，土块直径 ≤ 25 mm。

田块土壤含水率为 20% ~ 25% 时作业效果最佳。若田块太湿，可根据情况旋耕后晾晒数小时后再进行开沟起垄作业。

开沟起垄前，先观察田块的基本情况，确定机具的进出位置和行走路线。

5. 土地耕整

土地耕整可使用拖拉机悬挂牵引式起垄机，一次性完成起垄、精整地作业。

按照机具使用说明书要求对机具进行调试，达到最佳作业状态。

作业垄距 1 700 mm，垄面宽度 1 200 mm，垄面高度 180 ~ 200 mm，沟宽 300 mm，达到垄面平整、表土细碎、棱角分明，确保后续覆膜作业的平整性。

为提高田块利用率，尽可能选择轮距和轮胎断面相对较小的拖拉机为动力。

连续种植 3 ~ 4 茬生菜后，下一茬土地耕整采用铧式犁耕作一次后再进行旋耕。

6. 机械化移栽要求

生菜移栽的品种、苗龄、行距、株距、种植密度和深度等方面要实现农艺和农机的衔接。

用于移栽的生菜苗需保持新鲜，秧苗健壮，苗直无损伤。且根系无缠绕，起苗方便。若基质水分太多，需在阴凉处风干，便于起苗。

生菜苗钵体直径或宽度不大于 50 mm，高度 100 ~ 200 mm，叶面开展度不大于 60 mm。

7. 机械化移栽准备

生菜移栽可使用拖拉机悬挂牵引式蔬菜移栽机，或选用自走式移栽进行作业。

蔬菜移栽前，进行机具的调试，达到最佳作业状态。根据需求调节蔬菜移栽机栽插行距、株距和深度。移栽行距 280～300 mm，移栽株距 180～200 mm，移栽深度达到基质上表面与垄面齐平。

根据本地种植习惯，如需用薄膜对垄面进行覆盖，应提前将薄膜安装在移栽机前方位置。

8. 机械化移栽作业

机具启动前将薄膜前端拉出与垄面前端覆盖平整并且两侧面覆土，确保机具移动过程中均匀覆膜。

机具启动前，操作人员乘坐好后，先将苗杯放上生菜苗，以免运行过程中起苗不及时造成漏苗。

启动移栽机稳步前进，根据操作技术选择相适应的行走速度，可先采取怠速行驶，并将生菜苗逐一提取放入苗杯中。

移栽几米后，检查行距、株距和深度是否符合要求，若不符合农艺要求需再次进行机具调整。

作业结束后及时清洁移栽机。

机械化移栽后，根据田块和基质的水分情况，若太干需及时浇水促进生菜苗成活和生长。

9. 田间温度管理

移栽后生菜适宜生长温度为 20～30 ℃，温度高于 30 ℃后可在大田搭建遮阳网，进行温度防控。

移栽后 1 周之内可白天全程使用遮阳网，提供适宜的温度保护。晚上打开遮阳网。移栽 1 周后，需根据温度等天气状况确定是否使用遮阳网。

10. 田间水分管理

田间沟渠保持畅通，遇下雨有积水时需立即排出。

遇干旱天气田块缺水时，需对生菜和垄面进行水分喷洒，或者采取大田漫灌后立即排出的方式进行水分补充。

下雨时可使用遮阳网，缓解雨水直接对叶面的冲击力。

11. 药剂喷洒

移栽后 2 ~ 3 d，喷洒第一次药剂。为常规预防杀菌药剂加生根剂。一般 12 月至来年 4 月预防灰霉病，5 ~ 11 月预防霜霉病。

移栽后 7 d 左右，喷洒第二次药剂，为常规杀菌药剂和预防药剂。以后每周根据情况，喷洒常规杀菌药剂。

移栽后两周左右，根据生菜的生长情况，若叶面生长缓慢、叶心生长迅速，需喷洒矮化剂促进均衡生长。

12. 机械化收获

生菜田间生长时期根据季节天气的不同而不同，夏季大约 30 d，春秋季节大约 45 d，冬季 60 ~ 70 d。

生菜生长至一定程度后，在田间四角及中间位置随机选摘取 20 棵进行称量，满足一定质量标准即可收获，夏秋季每棵约为 250 g，冬春季每棵约为 400 g。

生菜收获可使用生菜收获机进行作业，先对机械进行调试，达到最佳作业状态。

机械化收获前在不得损伤薄膜的情况下，人工在垄端收获 5 m 距离，以便收获机下田，将薄膜卷入收获机割台至作业台位置。启动机械并调整好位置，按照适当的速度，开始收割，若有偏差需立即修正对准。一次性收割 4 行。

操作台分拣人员需对收获后的生菜表面黄叶、烂叶人工去除，并装箱保存。

收获后的机械需将表面的作物残留和泥土清理干净，并按照要求对机械进行保养。

二、成都简阳胡萝卜生产机械化解决方案

（一）胡萝卜种植概况及农艺要求

胡萝卜是伞形花料，属二年生草本植物，以肥大的肉质根为食用器官。胡萝卜属于半耐寒性植物，喜欢凉爽的气候，耐旱能力比萝卜强。在 4 ~ 5 ℃ 时可以发芽，但发芽较慢，发芽适温为 18 ~ 25 ℃，经 10 d 左右出苗。幼

苗能耐 2 ~ 3 ℃ 的低温，耐高温的能力较萝卜强，所以胡萝卜在秋季播种可以比萝卜早 10 多天，胡萝卜肉质根膨大期的适温为白天 18 ~ 23 ℃，夜温 13 ~ 18 ℃，温度过高、过低均不利于胡萝卜肉质根的膨大，特别是在高温下形成的肉质根品质差、肉质粗糙。充足的光照可使胡萝卜叶面积增加，光合作用增强，促进肉质根膨大，提高产量。胡萝卜根系发达，吸水力强，叶片蒸发水分较少。但生长期间要适当供水，特别是种子发芽期、肉质根旺盛生长期，需要较高的土壤湿度。胡萝卜适宜种于土层深厚、土质疏松、排水良好、孔隙度高的沙壤土或壤土上，适宜的土壤 pH 值为 6 ~ 8，如土壤坚硬、通气性差、酸性强，易使肉质根皮孔突起，外皮粗糙，品质差，产量低。

（二）胡萝卜生产机械化作业工艺研究

1. 胡萝卜生产工艺流程

以成都简阳胡萝卜露地栽培为例，每年种植一茬，根据蔬菜生产农机装备现状和成都简阳种植条件，设计胡萝卜机械化生产主要工艺过程如下：机械化耕整地—机械化直播—自动化田间管理—机械化收获。各工艺过程的农业机械选型应该有利于实现胡萝卜特色的耕作体系和提高作业质量，根据现有设备基础和所在地自然条件等情况，结合我国农机市场适用动力机械和各环节作业机具型号进行选型配备。

2. 主要环节技术方案

成都简阳胡萝卜采用垄作方式轮作制度，以露地栽培为主。机械化生产技术解决方案结合当地胡萝卜生产农艺技术规程而制订，垄高 220 mm，垄距 600 mm。通过选用旋耕机、播种机、灌溉装置、喷雾机、收获机等装备，依次完成耕整地、直播、灌溉、植保、收获等主要生产环节，各生产环节的作业时间和作业内容根据农艺技术规程和机具作业规范确定。

（三）胡萝卜生产机械化解决方案（表 10-2）

表 10-2　胡萝卜全程机械化生产方案

环节	作业时间	作业规程	技术模式	配套机具
丸粒化	8 月下旬	种子进行 1～2 次等级筛选后，按比例配合丸粒化粉和水作业一定时间	机械化丸粒种子	丸粒化成套设备
土地旋耕	根据播种时间安排，提前 1～2 d	表面平整，土块均匀细碎	机械化旋耕	旋耕机
整地播种	8 月下旬至 9 月上旬	表面平整，土壤细碎，垄高 200 mm，垄距 600 mm。播种株距 30～50 mm，行距 80～120 mm，深度 5 mm	机械化起垄播种覆土	德沃 2BQS-4 气力式播种机
植保	播种后根据作物情况进行作业	根据作物需求，喷洒均匀，覆盖全面	机械化植保	自走式喷杆喷雾机
收获	12 月下旬至 1 月	侧挂式收获，一次性完成拔取、清理、切割和收获作业	机械化收获	法国西蒙 S3S 单行胡萝卜收获机

243

（四）胡萝卜机械化生产指导意见

1. 田块准备

选择适合胡萝卜生长的土地，要求光照和空气相对干燥的环境，土壤疏松、通透、肥沃、水分充分，田块平坦开阔，交通便利，适合机械化作业。切忌选择土壤黏重、板结、排水不良的田块。

待前茬作物收获后，将田间的秸秆、落叶等残留物清理干净。

采用撒肥机田间撒肥作业，要求撒播均匀无遗漏。每亩使用 75 kg 复合肥、20 kg 尿素，以及防治地下害虫药剂。

采用铧式犁和旋耕机对田块进行深耕作业，土粒直径越细越好，不能有大土块、石块，耕深要求 35 ~ 40 cm。

2. 种子准备

裸籽播种前应进行 1 ~ 3 次等级筛选，去除杂质，按等级匹配播种盘播种。

丸粒化种子播种前应进行 1 ~ 3 次等级筛选，按等级匹配播种盘播种。筛选后的胡萝卜种子，配合丸粒化粉和水倒入丸粒化机，作业 15 min，待种子表层包裹严实呈圆粒状后取出丸粒化种。种子和丸粒化粉比例为 1 ∶ 4，丸粒化后种子直径 2 ~ 3 mm。

将丸粒化后的种子用烘干机进行烘干，或者晾晒干燥，待表面无潮湿水分后即可使用。

3. 播种机准备

选用胡萝卜播种机播种作业，配套合适的拖拉机作为动力，一次性完成开沟、起垄、播种、覆土作业。

机器播种作业前，检查排种器内部是否有杂质或碎种子，检查机器后方种杯是否有破碎裂纹或内部是否有水珠，检查风机皮带是否有松动现象或破损现象，检查机器注油情况。检查入土部件是否有松动，作业前检查开沟器与开沟靴连接处螺丝是否有松动。

4. 机械化播种

空车试运转，将播种机变速杆放置在"空挡"位置，启动发动机，检查和调整主离合器、转向离合器和播种离合器。

将种子倒入种杯，开始试播。土壤含水率不超过 30%，若含水率过高，最好晾晒片刻，检查垄型是否符合垄面平整、土块细碎、棱角分明的要求，若不符合要求进行调整。垄高 25 cm，垄距 60 cm。

检查株距、行距和播种效果是否符合要求，要求不漏播、不重播，表面微覆土，若不符合要求进行调整。株距 3 ~ 5 cm，行距 8 ~ 12 cm，播种深度 0.5 ~ 1 cm。

起垄播种作业操作要求行驶速度适中，直线行走不弯曲。配合北斗导航辅助驾驶系统作业效果更佳。

5. 田间管理

（1）播种后 30 d，根据田间胡萝卜苗密度情况，进行人工间苗。

（2）根据田间土壤水分情况，若太干可少量喷灌水。

（3）间苗后根据田间杂草生长情况，采用喷洒除草剂，要求喷洒均匀。也可以播种时封闭除草。

（4）播种后 45 ~ 60 d，根据田间胡萝卜生长情况，若长势过旺，喷洒多效唑抑制，要求喷洒均匀。

（5）播种后 60 ~ 80 d，观察并预防霜霉病。

6. 机械化收获

胡萝卜机械化收获采用胡萝卜收获机作业，匹配合适拖拉机作为动力。

收获前先检查和调整秧苗切刀系统、液压扶秧器，根据胡萝卜的长度用曲柄调整剪切板，用前置油缸调整提升臂，确保收获割台与胡萝卜匹配。

收获作业操作速度适中并直线行走，确保割台对准胡萝卜，随时观察切割部位进行调整。在收获过程中，遇收割台堵塞，需停车进行清理后再作业。

辅助操作人员应将木箱固定在输送带下正确位置，并随时关注胡萝卜输送情况，保证胡萝卜输送到木箱里面。木箱田间转运可采用叉车进行运输，也可匹配小货车随收获机同步行走，通过输送带直接输送到货箱。

7. 清洗包装

收获后的胡萝卜可采用胡萝卜清洗机进行清洗和筛选。

将清洗后的胡萝卜根据要求装袋或装箱，确保发货运输和储存。

三、成都彭州甘蓝生产机械化解决方案

（一）甘蓝种植概况及农艺要求

甘蓝，俗称莲花白，为十字花科、芸薹属的一年生或两年生草本植物。矮且粗壮一年生茎肉质，不分枝，绿色或灰绿色。基生叶质厚，层层包裹成球状体，扁球形，乳白色或淡绿色；二年生茎有分枝，茎生叶。基生叶顶端圆形，基部骤窄成极短有宽翅的叶柄，边缘有波状不显明锯齿；上部茎生叶卵形或长圆状卵形，基部抱茎；最上部叶长圆形，长约4.5 cm，宽约1 cm，抱茎。总状花序顶生及腋生；花淡黄色，直径2~2.5 cm；花梗长7~15 mm；萼片直立，线状长圆形；花瓣宽椭圆状倒卵形或近圆形，顶端微缺，基部骤变窄成爪，爪长5~7 mm。长角果圆柱形，两侧稍压扁，中脉突出，喙圆锥形；果梗粗，直立开展。种子球形，棕色。花期4月，果期5月。

（二）甘蓝生产机械化作业工艺研究

1. 甘蓝生产工艺流程

以成都彭州甘蓝露地栽培为例，每年种植2茬，根据蔬菜生产农机装备现状和成都彭州种植条件，设计甘蓝机械化生产主要工艺过程如下：机械化耕整地—机械化移栽—自动化田间管理—机械化收获。各工艺过程的农业机械选型应该有利于实现甘蓝特色的耕作体系和提高作业质量，根据现有设备基础和所在地自然条件等情况，结合我国农机市场适用动力机械和各环节作业机具型号进行选型配备。

2. 主要环节技术方案

成都彭州甘蓝采用垄作方式轮作制度，以露地栽培为主。机械化生产技术解决方案结合当地甘蓝生产农艺技术规程而制订，垄宽800 mm，垄高200 mm，沟宽300 mm。通过选用旋耕机、播种机、灌溉装置、喷雾机、收获机等装备，依次完成耕整地、移栽、灌溉、植保、收获等主要生产环节，各生产环节的作业时间和作业内容根据农艺技术规程和机具作业规范确定。

（三）甘蓝机械化生产解决方案（表 10-3）

表 10-3 甘蓝机械化生产解决方案

环节	作业时间	作业规程	技术模式	配套机具
育苗	10 月上旬	选用优质、纯净度高、发芽率高的品种。播种要求均匀，深度适宜	自动化播种	蔬菜育苗播种流水生产线
土地旋耕	根据精整地时间安排，提前 1~2 d	表面平整，土块均匀细碎	机械化旋耕	旋耕机
耕整地	根据移栽时间安排，可提前 1~2 d	表面平整，土壤细碎，垄宽 800 mm，垄高 200 mm，沟宽 300 mm	机械化整地	精整地机
移栽	11 月上旬	一垄移栽 2 行，行距 350 mm，株距 400 mm，移栽深度 60 mm	机械化移栽	井关 PVHR2-E18 型蔬菜移栽机
灌溉	栽后浇水，以后根据情况补水作业	根据作物需求，灌溉适量，喷洒均匀	机械化灌溉	自走式喷雾机
植保	根据作物情况进行作业	根据作物需求，喷洒均匀，覆盖全面	机械化植保	自走式喷杆喷雾机
收获	4 月中下旬	侧挂式包菜收获机，前齿刀切割头，一次性收获 1 行	机械化收获	包菜收获机 意大利 RAPID T

（四）甘蓝机械化生产指导意见

1. 土地耕整

土壤绝对含水率在 15% ~ 25%，土地有利于机械化耕作。

前茬作物的留茬高度或地表覆盖植被长度高于 30 cm 时，采用秸秆粉碎还田机直接粉碎还田。

土壤旋耕后要求田角余量少，地表平整，田间无明显漏耕、壅土、壅草现象。

起垄作业前，应根据作业田块形状和大小、设施跨度，规划合理的垄体分布和作业路线，减少空驶行程。作业过程中应保持匀速直线行驶，避免中途停车和变速行驶。起垄作业后垄型完整，垄体土壤上层细碎紧实，下层粗大松散。

2. 育苗

为提高种子出芽率，可用 50 ~ 55 ℃温水浸种 15 min，然后自然冷却浸种 3 h 左右，捞出甩干置于 22 ~ 24 ℃条件下催芽，注意保持湿度，一般 36 h 出芽，待 80% 种子出芽即可播种。

育苗采取穴盘育苗方式，播种深度 0.5 ~ 1 cm，每穴 1 粒种子，播种后覆盖基质，保持各孔穴清晰可见，然后喷透水，保持基质湿度 80% ~ 90%，以穴盘底部渗透出水为宜，稍稍滤干后将穴盘放置于催芽室或者苗床上。也可采用精量播种机或育苗流水线，一次性完成覆土、播种、浇水、盖土作业。

苗期管理按照农艺要求进行。

3. 机械化移栽

选择苗龄 40 d 左右，6 ~ 8 片真叶壮苗，在阴天或晴天傍晚进行定植。

移栽机应调节好栽插行距、株距和深度，机具各项性能指标应符合相关规定。行距 50 ~ 55 cm，株距 35 ~ 40 cm，亩栽 3 000 ~ 3 500 株。

按地块大小和形状设计好作业路线，并根据路线长度，在钵苗托盘上摆放至少足够栽植一个来回的钵苗。

随时检查钵苗移栽情况，如出现连续漏栽、伤苗和覆土、镇压不符合要求，应立即关停移栽机并调整机具。

4. 田间管理

早春地膜栽培定植缓苗后，因春季温度低，一般采用小水，应适当控制浇水以提高地温，不可大水漫灌，随水施尿素 15 kg 左右。若有寒流天气，可提前施硫酸铵每亩 15 ～ 22 kg，并灌水，可增强植株抗寒能力。

随着气温升高，进入莲座后期包心前期，加大肥水，施复合肥 20 kg 左右，或每亩施尿素 25 ～ 30 kg。

莲座末期适当控制浇水，及时中耕除草。移栽较晚的，雨后注意排水，防止田间积水造成烂根和叶球腐烂。

甘蓝的病害少，主要是蚜虫和菜青虫。蚜虫可利用黄板诱蚜或用银灰膜避蚜，药剂防治可用 50% 灭蚜松乳油 1 000 倍液喷雾，或用 50% 抗蚜威可湿性粉剂 2 000 ～ 3 000 倍液喷雾，对甘蓝蚜虫有效。一般 6 ～ 7 d 施药 1 次，连喷 2 ～ 3 次。菜青虫可喷苏云金杆菌 500 ～ 1 000 倍液，或用 20% 杀灭菊酯乳油 2 000 ～ 3 000 倍液喷雾防治。

5. 机械化收获

当叶球达到紧实时采收，在收割时保留 2 片外叶（莲座叶）以保护叶球，做到表面干净、无虫害、无裂球。

选用甘蓝收获机进行收获，收获前对机具进行调整，使其处于最佳使用状态。机具使用中割台需对准甘蓝，减少损伤。

收获时需随时关注收获状态，如有连续的损伤、漏收和堵塞，需停止作业，进行机具调整。

同时根据供应市场或保鲜加工的标准要求，按照叶球的大小进行分级。

四、上海大棚鸡毛菜生产机械化解决方案

（一）鸡毛菜种植概况及农艺要求

鸡毛菜是绿叶蔬菜，是十字花科植物小白菜的幼苗的俗称，以南方栽种最广，一年四季供应，春夏两季最多，播种后 20 ～ 40 d 即可采收。鸡毛菜特别怕热，20 ℃是最适宜的生长温度。气温超过 30 ℃时，鸡毛菜长势变慢，品质变差，因此夏天要盖遮阳网。春季栽培应选择冬性强的品种，在耕地前一周施好基肥，并整地作畦，适时播种，做好田间管理，一般 40 ～ 50 d 收获。

夏季栽培一般选择耐热品种，并筑成深沟高畦，以利灌排。高温季节，播种至出苗应覆盖遮阳网，并做好田间管理工作。夏季种植鸡毛菜一般于播种后20 ~ 25 d采收。秋季栽培一般选择抗热品种，播种时如土壤干旱，可先行灌溉，待土壤胀松后再整地播种。秋季种植鸡毛菜一般于播种后25 ~ 30 d采收，冬季种植鸡毛菜一般于播种后45 d左右采收。

（二）鸡毛菜机械化生产工艺研究

1. 鸡毛菜生产工艺流程

以上海鸡毛菜大棚栽培为例，每年种植数茬。根据蔬菜生产农机装备现状和上海种植条件，设计鸡毛菜机械化生产主要工艺过程如下：机械化耕整地—机械化直播—自动化田间管理—机械化收获。各工艺过程的农业机械选型应该有利于实现鸡毛菜特色的耕作体系和提高作业质量，根据现有设备基础和所在地自然条件等情况，结合我国农机市场适用动力机械和各环节作业机具型号进行选型配备。

2. 主要环节技术方案

上海鸡毛菜采用作畦方式轮作制度，以大棚栽培为主，机械化生产技术解决方案结合当地鸡毛菜生产农艺技术规程而制定，畦面宽1 200 mm，畦高150 ~ 200 mm，畦底宽1 400 mm。通过选用旋耕机、作畦机、蔬菜播种机、灌溉装置、喷雾机、收获机等装备，依次完成耕整地、直播、灌溉、植保、收获等主要生产环节，各生产环节的作业时间和作业内容根据农艺技术规程和机具作业规范确定。

（三）鸡毛菜机械化生产解决方案（表10-4）

表10-4　鸡毛菜机械化生产解决方案

环节	作业时间	作业规程	技术模式	配套机具
旋耕	作畦前1 d	表面平整，土块均匀细碎	机械旋耕	大棚王拖拉机配G120旋耕机
作畦	直播前1 ~ 5 d	畦面宽1 200 mm，畦底宽1 400 mm，畦高150 ~ 200 mm	机械整地	意大利Hortech AF SUPER160作畦机

续表

环节	作业时间	作业规程	技术模式	配套机具
直播	视天气和前茬收获情况	播种行数23行，播种行距55 mm，播种幅宽1 400 mm	机械直播	意大利 Ortomec MULTISEED140 蔬菜播种机
灌溉	播后浇水，以后酌情灌溉	根据作物需求，灌溉适量，喷洒均匀	自动灌溉	滴灌带
植保	根据作物情况进行作业	根据病虫害情况，喷洒均匀，覆盖全面	机械植保	背负式喷雾机
收获	视鸡毛菜生长情况而定	适时采收	机械收获	意大利 Hortech 公司 SLIDE FW160 自走式叶菜收割机；意大利 De Pietri 公司 FR38 SPECIAL160 自走式叶菜收割机

（四）鸡毛菜机械化生产指导意见

1. 品种选择

选择适宜机械化采收的鸡毛菜品种，主要有新夏情 6 号、新夏情 5 号、机收 1 号等。

2. 播种日期

根据不同绿叶蔬菜品种的生长习性确定适宜的播种日期，其中鸡毛菜宜选择在 3 月初至 10 月初播种。

3. 施肥

有机肥的施用：施用充分腐熟的商品有机肥，每亩施用 1 t，每年施用两次。

基肥的施用：作畦前使用拖拉机配套施肥机撒施硫酸钾型复合肥（N：P_2O：K_2O=15：15：15）与尿素，施肥时拖拉机从棚的左侧或右侧开始撒施，以保证施肥均匀，每亩撒施硫酸钾型复合肥 20 kg。

4. 精细化整地、作畦技术

（1）深翻

适用机具：采用三铧犁或四铧犁进行深翻，可根据生产情况每年深翻1 ~ 2次。

深耕深度25 cm以上，深浅一致。

实际耕幅与犁耕幅一致，避免漏耕、重耕。

机具必须合理配套，正确安装，正式作业前必须进行试运转和试作业，建议深耕的同时应配合施用有机肥，以利培肥地力。

（2）整地 耕整地深翻结束后应适时平整土地、精细旋耕，以达到土地平整、细碎的效果。可选用拖拉机配套灭茬机（1GQ-145）进行旋耕及整地，耕层深度可达20 cm以上，可以使土壤有效翻耕，促进叶菜根系的生长。

（3）作畦 作畦可选用YTLM-120作畦机，可同时完成旋耕、起垄的作业功能，每小时作畦面积1 334 ~ 2 000 m²。作畦后畦底宽1.4 m，畦面宽1.1 m，畦高15 cm，沟宽为20 ~ 40 cm，畦面较为平整，可满足后续精量播种及机械化采收的要求。

5. 精量播种技术

可选用2BS-JT系列播种机条播并镇压，播种幅宽1.1 m，播种行数为13行，行距8.5 cm，鸡毛菜每亩用种量1.5 ~ 2.5 kg。

6. 肥水一体化管理技术

播种后应及时喷水，看到沟内有明显积水时即停止喷水，此后可依天气情况于出苗5 d后，采用比例式施肥泵实施浇水、施肥，配料一般采用叶菜专用水溶肥，每亩施用10 ~ 15 kg（或根据具体肥料用量施用），在鸡毛菜生长期根据生长情况喷1 ~ 2次。采收前3 ~ 5 d不再进行施肥、浇水，以降低田间湿度，保证鸡毛菜的正常采收上市。

7. 病虫害防治技术

贯彻"预防为主，综合防治"的植保方针，推广应用绿色防控技术，科学合理使用化学农药，保证蔬菜的安全生产。在生产过程中使用杀虫灯、黄板、性诱剂、诱捕器等绿色防控措施防治害虫。

（1）农业防治 合理安排轮作，及时清洁田园。

（2）物理防治　用黄板、性诱剂、诱辅器、频振式杀虫灯杀灭成虫，用防虫网覆盖防虫。

（3）病害种类及防治　主要病害有猝倒病、霜霉病等。

猝倒病：用30%恶霉灵水剂1 000～1 500倍液于出苗后防治1次。

霜霉病：用687.5 g/L氟菌·霜霉威悬浮剂（银法利）500～800倍液或75%丙森·霜脲氢水分散粒剂（驱双）500～1 000倍液交替防治1～2次。

（4）虫害种类及防治　主要虫害有黄曲条跳甲、蚜虫、甜菜夜蛾、斜纹夜蛾等。

黄曲条跳甲：先用黄板＋跳甲性诱剂于出苗后进行物理防治，然后根据虫害发生情况可用28%杀虫·啶虫脒可湿性粉剂（甲王星）800～1 000倍液防治1～2次。

蚜虫：可用10%氯噻啉可湿性粉剂（江山）1 500～3 000倍液或20%烯啶虫胺水分散粒剂（刺袭）3 000倍液交替防治1～2次。

甜菜夜蛾、斜纹夜蛾：可用150 g/L茚虫威乳油（凯恩）1 500～3 000倍液或5%氯虫苯甲酰胺悬浮剂（普尊）1 000倍液交替防治1～2次。

8. 收割技术

一般鸡毛菜播种后16～24 d即可采收（采收时间视不同季节而有所变化）。可选用上海市农机研究所研制的叶菜收割机、上海仓田精密机械制造有限公司的电动绿叶菜收割机或意大利浩秦克公司生产的叶菜收割机（SLIDEFWI2O型）进行采收，作业效率可达1 000 m²/h。

五、江苏常熟碧溪露地青花菜生产机械化模式

（一）青花菜种植概况及农艺要求

青花菜属于十字花科芸薹属甘蓝种，其中以绿色或紫色花球为产品的一个变种，青花菜是一年或二年生草本植物，别名绿菜花、西兰花、意大利芥蓝、木立花椰菜、茎椰菜等，原产于地中海沿岸，其外部形态与花菜相似，但植株较高大，叶片较碎，与花菜相比主要差异在于主茎顶端的花球。青花菜的生长发育周期和各发育阶段的时期界限均与花菜相同。青花菜于19世纪传入我国，改革开放以来我国青花菜消费迅速增长，栽培面

积不断扩大，春秋季都可种植，易于栽培和管理，种植效益较好，市场前景良好。

青花菜对环境条件的要求与花菜相似，但抗热及耐寒性均优于花菜，适应温度范围较广，生育适温为 20 ~ 22 ℃，花蕾发育适温为 16 ~ 22 ℃，温度如果超过 25 ℃ 则发育不良，温度低于 5 ℃ 则会生长缓慢，青花菜能耐短期霜冻。青花菜播种期比花菜长，供应期也比花菜长。青花菜为喜肥水、喜光照作物，在生长过程中需水量较大，需要保持土壤湿润，以排水良好、保肥保水力强的壤土或沙壤土为宜，特别是在育苗阶段，防旱和防涝更是青花菜种植中苗期管理重点。青花菜需要足够的氮、磷、钾肥及硼、镁、钼等微量元素的供应。酸减度适宜范围以 pH 值为 6 最佳。

（二）青花菜生产机械化作业工艺研究

1. 青花菜生产工艺流程

青花菜与花菜的栽培技术相似，露地栽培作为一种开放经济的栽培方式应用较广泛，以长江中下游地区露地栽培方式为例，春秋两季均可进行露地栽培，春季于 2 ~ 3 月定植，4 ~ 5 月收获，秋季于 8 月定植，10 月收获。根据蔬菜生产农机装备现状和长江中下游地区种植条件，设计青花菜机械化生产主要工艺过程如下：机械化育苗播种—机械化施肥—机械化耕整地—机械化移栽—机械化化田间管理—人工采收。各工艺过程的农业机械选型，应该有利于实现青花菜特色的耕作体系和提高作业质量，根据现有设备基础和所在地自然条件等情况，结合我国农机市场适用动力机械和各环节作业机具型号进行选型配备。

2. 主要环节技术方案

以常熟碧溪基地为例，青花菜采用垄作方式和轮作制度，以露地栽培模式为主，机械化生产技术模式结合当地青花菜生产农艺技术规程而制定，垄形尺寸为垄顶宽 65 cm、垄距 120 cm、垄高 20 cm、垄沟底宽 30 cm。通过选用精量播种机、施肥机、精整地机、蔬菜移栽机、喷灌装置、施药机等装备，依次完成育苗、施肥、耕整地、移栽、灌溉、植保等 6 个主要生产环节，各生产环节的作业时间和作业内容根据农艺技术规程和机具作业规范确定。

（三）青花菜机械化生产解决方案（表10-5）

表10-5 青花菜机械化生产解决方案

环节	作业时间	作业规程	技术模式	配套机具
育苗	1月初 7月中旬	播前种子消毒，每穴1粒，深度1 cm，具3～4片真叶，根系发达并紧密缠绕基质成团时可移栽	机械育苗	盖板式精量播种机
施肥	2月中旬 8月初	有机肥1t/亩，复合肥30 kg/亩	机械撒肥	KANRYU MF1 002撒肥机 东风井关JKB18C多功能撒肥机
整地	2月中旬 8月初	旋耕整地起垄，表面平整，土壤细碎，垄面宽65 cm，垄距120 cm，垄高20 cm	机械整地	华龙1ZKN-125精整地机
移栽	2月底 8月中旬	行距40 cm，株距40 cm	机械移栽	华龙2ZBZ-2半自动蔬菜移栽机 洋马PF2R乘坐式全自动蔬菜移栽机
灌溉	栽后浇水，以后酌情灌溉	根据作物需求，灌溉适量，喷洒均匀	喷灌	喷灌带
植保	栽后1周，成熟前20 d	根据病虫害情况，喷洒均匀，覆盖全面	机械植保	东风井关JKB18C多功能施药机
收获	4月底 10月中旬	花球充分长大，花蕾颗粒整齐，不散球，不开花	人工采收	

第十一章　动力机械及作业成本

第一节　动力机械

一、概　述

悬挂式的蔬菜生产机械涉及拖拉机动力的选择，一定要坚持适用的原则，适应当地经济条件、蔬菜生产规模和农民文化技术水平的特点，以发展相应技术水平的农机。

特别是西南地区自然条件复杂，有平原、丘陵、山区，地形条件各异，各种不同地区对蔬菜机械的需求不同，需要适应蔬菜生长自然条件、地形情况、作物品种多样的特点，以发展大马力、小车身的动力机械为主。

为进一步提高蔬菜机械化生产效率，在各环节生产涉及的机械之外，可采用现有的先进设施设备，提高蔬菜机械化的生产管理水平和作业质量。

二、拖拉机

（一）功能及特点

一般来说，西南地区蔬菜机械化生产动力，选择大马力、小车身、窄轮胎的拖拉机，该类机体型小，马力较大，可配套多种机具进行作业，具有动力足、效率高、配套农机具多的特点。推荐选择大棚王类拖拉机。

蔬菜机械结构复杂，作业内容多，所以需要的动力大且传动方式多样化，所以很多机械都采用液压作为传动，选择拖拉机时，需根据配套的作业机具选择带有 1 ~ 2 组液压输出的拖拉机作为动力。

图 11-1 洋马 YT704 拖拉机

（二）典型机型技术参数

1. 洋马 YT704 拖拉机（图 11-1）

外形尺寸：

3 930 mm × 1 865 mm × 2 600 mm

整机重量：2 250 kg

发动机：洋马 4 缸水冷直喷式柴油机

标定功率：51.5 kW

离合器型式：机械式干式单片

变速箱：机械式，手动（方向、低速 4 挡）同步换挡

差速器型式带差速锁定的锥齿轮

轮胎型号：前轮 9.5-24/ 后轮 16.9-30

轴距：2 050 mm

轮距：前轮 1 420 mm/ 后轮 1 440 mm

2. 东风 DF604-15 大棚王拖拉机（图 11-2）

外形尺寸：3 475 mm × 1 330 mm × 1 330 mm

发动机：490，立式、直列、水冷、涡轮增压

标定功率：44.1 kW

轴距：1 818 mm

最小离地间隙 :280 mm

前轮规格：7.00-12

后轮规格：6.00-12、5.00-12

前轮轮距：1 075 mm

后轮轮距：1 050 mm/1 150 mm

3. 东风 DF354ZL 拖拉机（图 11-3）

外形尺寸：

3 290 mm × 1 420 mm × 2 370 mm

最小使用质量：1 525 kg

图 11-2 东风 DF604-15 大棚王拖拉机

257

轴距：1 740 mm

离地间隙：350 mm

前轮规格：6.00–16/6.50–16/7.50–16

后轮规格：9.5–24/9.5–28/11.2–24/11.2–28/12.4–24

前轮轮距：970 mm

后轮轮距：

970 mm/1 070 mm/1 200 mm/1 300 mm

图 11–3　东风 DF354ZL 拖拉机

4. 东风 DF404–15 大棚王拖拉机（图 11–4）

外形尺寸：3 145 mm × 1 350 mm × 1 285 mm

发动机：490，立式、直列、水冷

图 11–4　东风 DF404–15 大棚王拖拉机

标定功率：29.4 kW

最小离地间隙：285 mm

轴距：1 700 mm

前轮规格：6.00–12，选装 5.00–12

后轮规格：9.5–20，选装 9.5–16

前轮轮距：1 075 mm

后轮轮距：1 010 mm/1 110 mm

主要特点：机型车身小，轴距端，结构紧凑，下置式排气管，适合蔬菜大棚、果园等田间管理作业。

5. 东方红 LX804 轮式拖拉机（窄轮距）（图 11–5）

外形尺寸：4 350 mm × 2 170 mm × 2 740 mm

整机最小使用质量：3 540 kg

发动机标定功率：58.8 kW

驱动方式：四轮驱动

轴距：2 314 mm

最小离地间隙 :370 mm

轮胎型号：前轮 9.5–24/ 后轮 14.9–30

标准前轮距：1 330 mm

标准后轮距：1 300 mm

液压输出：1 组，可以选装 2 组或 3 组

6. 雷沃欧豹 M604L–E 拖拉机（图 11–6）

外形尺寸：3 136 mm × 1 350 mm × 1 420 mm

图 11–5　东方红 LX804 轮式拖拉机

图 11–6　雷沃欧豹 M604L–E 拖拉机

发动机功率：44.2 kW

最小使用质量：1 485 kg

轴距：1 756 mm

转弯半径：3 900 mm

前轮距：805 mm/880 mm/1 019 mm/1 037 mm/1 045 mm

后轮距：840 mm/935 mm/970 mm/1 000 mm/1 050 mm

7. 意大利 PAVESI ZS5543 等轮折腰大棚拖拉机（图 11–7）

外形尺寸：

3 300 mm × 1 350 mm × 2 400 mm

发动机型式：电启动、直列、间喷、四冲程、涡轮增压

动力输出轴：ϕ35/ ϕ28.5，6 花键

标定功率：75 kW

最小离地间隙：260 mm

转向形式：全液压转向

驱动方式：四轮驱动

主要特点：低矮、灵活转弯及强劲牵

图 11–7　PAVESI ZS5543 等轮折腰大棚拖拉机

引力，前重后轻、等轮折腰及高离地间隙。

第二节　农业机器作业成本

一、农机作业成本的构成及分类

农机作业成本的构成项目一般包括六项：油料费、工资、维修费、资金利息、折旧费和管理费。

作业成本的计量单位有：元 /h、元 /hm²、元 /（t·km）、元 /t 等。

各项费用中油料费居第一位，其次是维修费。自走式机组与拖拉机机组相比，油料费比重有所下降，折旧费比重明显升高。

成本计算的一般公式为：

$$C = \frac{Y_T + Y_M}{W}（元/hm^2）$$

式中：C——农机作业技术成本（元 / h）；

　　　Y_T——拖拉机小时费用（元 /h）；

　　　Y_M——农具小时费用（元 /h）；

　　　W——机组小时技术生产率（h/h）。

$$Y_T = Y_{dT} + Y_{iT} + Y_{mT} + Y_{rT} + Y_{fT} + Y_{LT} + Y_{gT}$$

$$Y_M = Y_{dM} + Y_{iM} + Y_{mM} + Y_{fM} + Y_{LM} + Y_{gM}$$

其中：

Y_{dT}，Y_{iT}，Y_{mT}，Y_{rT}，Y_{fT}，Y_{LT}，Y_{gT} 分别为拖拉机小时折旧、利息、日常维修、大修、油料、工资和管理费用（元 /h）。

Y_{dM}，Y_{iM}，Y_{mM}，Y_{fM}，Y_{LM}，Y_{gM} 分别为农具小时折旧、利息、维修、油料、工资、管理费用（元 /h）。

为了便于作业成本的计算与分析，前述 6 ~ 7 项分成本，可以根据它们随机器作业量的变动情况分为两大类：

第一类：与机械作业量成正比的油料费、劳动报酬、日常维修、大修费用等。它们的年度费用一般随年作业量而成比例变动，称为变动成本。

第二类：折旧费、资金利息和管理费等。它们的年度费用一般不随年作业量的多少而变化，称为固定成本。

二、农机作业的变动成本

（一）油料费

拖拉机的公顷作业油料费：

$$C_f = \frac{Y_{fT}}{W} = \frac{G \cdot S_f(1+\delta_P)}{W}(元/hm^2)$$

式中：Y_{fT}——拖拉机小时油料费（元/h）；

　　　S_f——拖拉机燃油价格（元/kg）；

　　　G——拖拉机作业的小时燃油消耗量（k/g）；

　　　δ_p——拖拉机的润滑油费与燃油费比值，一般为 0.1 ~ 0.15。

（二）劳动报酬费

农机作业劳动报酬是指在作业中支付给拖拉机手和农具手的工资。

单位作业量劳动报酬 C_L 为：

$$C_L = \frac{nS_{LT} + mS_{LM}}{W}(元/hm^2)$$

式中：S_{LT}——拖拉机手工时费（元/h）；

　　　S_{LM}——农具手工时费（元/h）；

　　　n——班作业拖拉机手人数；

　　　m——班作业农具手人数。

（三）维修费

维修费是指拖拉机和农具的保养及排除故障所需费用，包括零件消耗、低值易耗品消耗、维修工时费、油料消耗和随车工具消耗等。

1. 拖拉机

拖拉机小时维修费的计算公式为：

261

$$Y_{mT} = \delta_{mT}S_T(元/hm^2)$$

式中：S_T——拖拉机价格（元）；

δ_{mT}——拖拉机小时维修费与拖拉机价格的比例系数。对于东方红 –75/54 型拖拉机；

δ_{mT}=0.000 1 ～ 0.000 14。

2. 农具

农具小时维修费为：Y_{mM}

$$Y_{mM}= \delta_{mM}S_M（元/h）$$

式中：S_M——农具价格（元）；

δ_{mM}——农具小时维修费比例系数。依农具类型不同而异，如铧式犁为 0.000 7，谷物播种机为 0.000 8。

3. 机组

机组作业公顷维修费为：

$$C_m = \frac{Y_{mT} + Y_{mM}}{W}(元/hm^2)$$

三、农机作业的固定成本

固定成本都是按年计算总费用，然后分摊的。

（一）年折旧费计算

1. 直线折旧法

直线折旧法计算的年折旧费，计算公式为：

$$Y_{Yd} = \frac{S - R}{T}(元/年)$$

式中：Y_{Yd}——年折旧费（元/年）；

S——机器的购买价格（元）；

R——机器残值，即机器被淘汰后，废机器的售价（元）；

T——机器使用寿命或更新期（折旧年限）（年）。

例如，R 为机器原价的 4%，更新期为 12 年，则 Yd=0.08S，即每年要提取原价的 8% 作为折旧费。

2. 非直线折旧法（快速折旧法）

$$Y_{Yd} = D（S - R）$$

年折旧率 D 是变数，新机器 D 值大，以后逐年减少，例如农垦部门规定的年折旧率如表 11-1 所示。

表 11-1 农垦拖拉机年折旧率（%）

年度	1	2	3	4	5	6	7	8	9	10
农垦拖拉机	21	17	14	11	9	7	6	5	4	8

3. 单位作业折旧费

机组单位作业折旧费 C_d 为：

$$C_d = \frac{Y_{dT} + Y_{dM}}{W} （元/hm^2）$$

$$Y_{dT} = Y_{YdT}/H_T （元/h）$$

$$Y_{dM} = Y_{YdM}/H_M = （元/h）$$

式中：Y_{YdT}，Y_{YdM}——拖拉机和农具的年折旧费（元）；

Y_{dT}，Y_{dM}——拖拉机和农具的小时折旧费（元）；

H_M，H_T——拖拉机与农具的年作业小时（h）。

（二）固定占用资金利息

购买机器的资金是通过折旧费逐年收回的，没有收回的部分就是占用的资金，占用的资金应该计算利息。设贷款年利率为 δ_i，则平均每年占用资金利息费为：

$$Y_{YI} = \frac{S + R}{2} \cdot \delta$$

拖拉机小时资金利息为：

$$Y_{iT} = \frac{S_T + R_T}{2H_T} \cdot \delta_i （元/h）$$

农具小时资金利息为；

$$Y_{iM} = \frac{S_M + R_M}{2H_M} \cdot \delta_i \ （元/h）$$

机组作业资金利息为：

$$C_i = \frac{Y_{iT} + Y_{iM}}{W} \cdot \delta_i \ （元/hm^2）$$

（3）管理费

管理费是指为管理机器的生产经营活动前支付的费用，如机务管理人员的工资、办公费，机群用的油库、零件物料库的折旧费和维修费用及税金、养路费、劳保费等。

为了计算简便，将管理费按机器功率分摊到拖拉机或其他动力机上。拖拉机的小时管理费为：

$$Y_{gT} = \frac{机组机务管理费某施拉机功率}{机群总功率某拖拉机年作业小时} \ （元/h）$$

参考文献

[1] 陈永生. 蔬菜生产机械化技术与模式 [M]. 镇江：江苏大学出版社，2017.

[2] 陈永生，李莉. 蔬菜生产机械化范例和机具选型 [M]. 北京：中国农业出版社，2017.

[3] 肖体琼. 蔬菜机械化生产技术体系及其影响因素研究 [M]. 镇江：江苏大学出版社，2017.

[4] 梁称福，熊丙全. 蔬菜栽培技术 [M]. 北京：化学工业出版社，2016.

[5] 浙江省农业机械学会. 现代农业装备与应用 [M]. 杭州：浙江科学技术出版社，2018.

[6] 高连兴，郑德聪，刘俊峰. 农业机械概论 [M]. 北京：中国农业出版社，2000.

[7] 胡霞. 农业机械应用技术 [M]. 北京：机械工业出版社，2018.

[8] 高焕文. 农业机械化生产学 [M]. 北京：中国农业出版社，2002.

[9] 吴维雄，马荣朝.《现代农业耕整地机械的使用与维护》. 北京：原子能出版社，2010.

[10] 李达. 耕层土壤的力学性质与耕作 [DB/OL]，2018-08-31.

[11] 张利军. 蔬菜生产全程机械化技术 [J]. 新农村，2017（07）:35-36.

[12] 郭孟报，杨明金，刘斌，等. 我国蔬菜育苗产业现状及发展动态 [J]. 农机化研究，2015，37（01）:250-253.

[13] 刘云强，赵郑斌，刘立晶，等. 蔬菜穴盘育苗播种机研究现状及发展趋势 [J]. 农业工程，2018，8（01）:6-12.

[14] 赵郑斌，王俊友，刘立晶，等. 穴盘育苗精密播种机的研究现状分析 [J]. 农机化研究，2015，37（08）:1-5+25.

[15] 赵明宇，刘德军，陈静华，等.机械化育苗设备现状与存在的问题[J].农机化研究，2004（03）:1-3.

[16] 姚彤宝，蔡峰，姜飞.中国工厂化蔬菜育苗系统集成与发展趋势[J].农业工程技术，2017，37（04）:10-14.

[17] 徐少华，孙登峰，陈建华，等.叶类蔬菜通用收获的技术[J].江苏农业科学，2015（3）:365-367.

[18] 肖体琼，崔思远，陈永生，等.国内外蔬菜机械化生产技术体系研究综述[J].北方园艺，2017（09）:183-187.

[19] 梁坚，施俊侠.绿叶蔬菜收割机械研究现状[J].安徽农业通报，2015（20）.

[20] 糜南宏，赵映，秦广明，等.蔬菜全程机械化研究现状与对策[J].中国农业化学报，2014（03）:018.

[21] 孟祥峰.蔬菜机械化收获技术及其发展[J].中国农业信息，2016（04）:103.

[22] 王俊，杜冬冬，胡金冰，等.蔬菜机械化收获技术及其发展[J].农业机械学，2014（02）:014.

[23] 陈远鹏，龙感，刘志杰.我国施肥技术与施肥机械的研究现状及对策[J].农机化研究，2015，（37）.

[24] 马伏龙，马瑞挺.我国节水灌溉农业机械化技术[J].农机化研究，2015，（11）.

[25] 李宝筏.农业机械学[M].北京：中国农业出版社，2003.

[26] 肖体琼，何春霞，曹光乔，等.蔬菜机械化生产视角下我国蔬菜产业发展现状及国外模式研究[J].农业现代化研究，2015，36（5）：855-861.

[27] 王俊，杜冬冬，胡金冰，等.蔬菜机械化收获技术及其发展[J].农业机械学报，2014，45（2）：81-85.

[28] 黄丹枫.叶菜类蔬菜生产机械化发展对策研究[J].长江蔬菜，2012（2）：1-6.

[29] 郭伟，陈树人，李继伟，等.一种小型叶菜收获机械的研制[J].农业装备技术，2011，37（2）：13-15.

[30] 张娟 .4YB1 型甘蓝联合收获机的设计 [D]. 兰州：甘肃农业大学，2012.

[31] 王志强 .4YB 型甘蓝收获机的总体设计 [D]. 兰州：甘肃农业大学，2012.

[32] 张平华，夏俊芳 . 我国蔬菜生产机械化现状及发展趋势 [J]. 农业机械，2005（9）：60-61.

[33] 周成，甘蓝收获关键技术及装备研究 [D]. 东北农业大学，2013.

[34] 康国光，蔡芳，高群 . 蔬菜机械化生产发展现状与对策思考 [J]. 长江蔬菜，2013（14）.

[35] 孟祥峰，蔬菜机械化收获技术及其发展 [J]. 中国农业信息，2016（4）：103-104.

[36] 王芬娥，郭维俊，曹新惠，等 . 甘蓝生产现状及其机械化收获技术研究 [J]. 中国农机化，2009，24（3）：79-82.

[37] 糜兰宏，赵映，秦广明，等 . 蔬菜全程机械化研究现状与对策 [J]. 中国农机化学报，2014，35（3）：66-69.

[38] 李小强，王芬娥，郭维俊，等 . 甘蓝根茎切割力影响因素分析 [J]. 农业工程学报，2013，29（10）:42-48.

[39] 王俊，杜冬冬 . 甘蓝类蔬菜收获机及其方法：中国，20130248988.9[P]. 2013-06-27.

[40] 王俊，杜冬冬 . 甘蓝类蔬菜收获机的夹根输送装置及其方法：中国，20130249013.8[P]. 2013-06-21.

[41] 王俊，杜冬冬 . 一种结球类蔬菜收获机的输送切割装置：中国，201310188981.2[P].2013-05-21.

[42] 姚会玲 . 大白菜收获机关键部件的研究 [D]. 中国农业大学，2007.

[43] 孙学岩 . 谈蔬菜自动化收获机械研究现状 [J]. 农业机械，2008（11）：43.

[44] 郑小钢，陈红星 . 关于农业机械化评价指标体系的研究方法探讨 [J]. 农业装备技术，2005，31（1）:71-74.

[45] 邱立春，魏国利，赵立祯 . 我国农业机械化评价指标体系设置研究

[J].沈阳农业大学学报：社会科学版，2004，（4）：273-275.

[46]乔金友.农业机械化生产专家系统设计与研发[D].哈尔滨：东北农业大学，2007.

[47]张文斌，张龙全，黄裕飞.叶菜类蔬菜主要生产环节机械化发展现状与对策分析[J].江苏农机化，2015，1：53-56.

[48]丁馨明，何白春，薛臻.小型叶菜收割机研发与市场初探[J].江苏农机化.2014（2）：40-42.

[49]胡杰文.小型多功能绿叶类蔬菜收获机的设计与优化[D].广州：仲恺农业工程学院，2014.

[50]申屠留芳，张炎，孙星钊，等.叶菜蔬菜收获机割台机构的设计[J].中国农机化学报，2017，3：9-13.

[51]徐少华，孙登峰，陈建华，等.叶类蔬菜通用收获机的设计[J].2015，43（3）：365-367.

[52]浙江农业大学.蔬菜栽培学各论：南方版，第2版[M].北京：中国农业出版社，1990.

[53]范双喜.现代蔬菜生产技术全书[M].北京：中国农业出版社，2004.

[54]李新峥.蔬菜栽培学[M].北京：中国农业出版社，2006.

[55]韩世栋.蔬菜生产技术[M].北京：中国农业出版社，2006.